미래를 읽는
최소한의

과학지식

일러두기

1. 본문에 표기된 달러 환율은 원:달러=1,100:1입니다.
2. 논문, 영화 등은 홑화살괄호(〈 〉)로, 신문, 잡지, 학술지 등은 겹화살괄호(《 》)로 표기했습니다.
3. 본문의 외래어는 외래어 표기법을 따랐으나 일부는 발음하기 쉽게 적었습니다.
4. 이 책에 실린 사진은 저작권자의 허락을 받아 게재한 것입니다. 저작권자를 찾지 못해 허락을 받지 못한 일부 사진은 저작권자가 확인되는 대로 게재 허락을 받고 통상 기준에 따라 사용료를 지불하겠습니다.

미래를 읽는

최소한의

과학지식

대표 저자 최지원 외
젊은 과학자 17명

ㄱㄴㄷ

시작된 미래,
무엇을 ————
준비할 것인가

　　정부의 연구개발R&D 예산이 처음으로 30조 원을 넘어섰습니다. 2022년 8월 정부가 밝힌 2023년 예산안에 따르면 연구개발 예산은 총 30조 7000억 원으로, 전년보다 약 3%가량 증가한 수치입니다. 한국과학기술기획평가원 보고서에 따르면 2015년부터 2019년까지 5년간 국내 연구개발 예산은 연평균 7.7%씩 증가해 왔습니다. 이는 미국(7.3%), 유럽(6.6%), 일본(0.7%)보다 높은 수치입니다.

　　정부가 이토록 많은 돈을 과학기술에 투자하는 이유는 간단합니다. 과학기술이 곧 그 나라의 경쟁력이기 때문입니다. 과거 영국이 산업혁명을 통해 세계적인 경제 강국이 된 것처럼, 우리나라를 포함한 전 세계의 나라들은 또 한 번의 산업혁명을 일궈 내고자 소리 없는 전쟁을 치르고 있습니다.

이 전쟁의 최전선에는 연구를 이제 막 시작한 젊은 과학자들이 있습니다. 이들은 누구보다 많은 논문을 읽고, 많은 실패를 경험하며 연구의 진면목을 알아가고 있습니다.

이 책은 지금 세계를 움직이고 있는 17가지 과학기술을 연구하는 젊은 과학자들의 생생한 목소리를 담았습니다. 각각의 과학기술이 지금의 모습을 갖추는 데 견인차 역할을 한 기념비적인 논문을 다뤘습니다. 과학기자로서 수많은 연구자들과 과학기술을 접해 온 저자는 최근 5년 간 가장 많이 회자되고 있는 과학기술 17가지를 선정했습니다.

1장은 바이러스에 대한 이야기입니다. 2019년부터 전 세계를 혼돈에 빠뜨린 코로나-19 바이러스에 대한 이야기와 더불어 백신의 개발, mRNA 백신의 발전, 감염병 확산 모델 등 바이러스와 관련한 다양한 내용을 담았습니다.

2장은 신의 영역이라 불리던 유전자 기술에 대한 이야기입니다. 최근 여러 유전성 희귀질환 치료제 개발에 사용되는 유전자 가위 '크리스퍼'와 유전자를 부품처럼 조립해 세상에 없던 새로운 생명체를 만들어 내는 '합성생물학', 생활방식이나 외부 요소에 의해 변하는 유전자의 성질을 연구하는 '후성유전학'을 다뤘습니다. 질병으로부터 인간을 해방시킬 유전자 편집 기술의 미래와 그 이면에 존재하는 윤리적 고민을 실제 연구자들에게 들을 수 있습니다.

3장에서는 영원한 불치병으로 불리는 암에 대한 연구를 다뤘습니다. 2018년 노벨 생리학상을 차지한 면역항암제는 항암제의 패러다임을 바꿨다고 평가받고 있습니다. 노벨상을 안겨 준 핵심 논문을 중심으로 '면역항암제'의 원리와 현주소를 짚었습니다. 암의 치료를 위해 탄생한 학문은 아니지만, 효과적인 암 진단과 항암제 테스트를 가능하게 한 미니 장기 '오가노이드', 암 치료의 효율성을 극대화시킬 수 있는 '장내미생물'도 함께 다뤘습니다.

2016년 전 세계를 뜨겁게 달궜던 인공지능 바둑기사 '알파고'가 등장하는 4장은 뇌와 관련된 연구들입니다. 빛을 이용해 뇌의 기능을 제어할 수 있는 '광유전학', 이제는 적용되지 않는 분야가 없는 '인공지능', 인공지능을 가능하게 한 '빅데이터'에 대해 다뤘습니다.

5장은 산업 전반에 영향을 미칠 수 있는 연구를 담았습니다. 2000년을 목전에 둔 1999년, 끝의 두 자리로 연도를 인식하던 컴퓨터 시스템이 2000년이 되는 순간 마비가 될 것이라는 우려가 있었습니다. 'Y2K'로 불리던 거대한 컴퓨터 결함은 다행히 나타나지 않았지만, 컴퓨터가 사회 시스템을 얼마나 지배하고 있는지를 보여 줬습니다. 과학자들은 가까운 미래에 또 한 번의 Y2K 사태가 발생할지도 모른다고 걱정합니다. 바로 '양자컴퓨터'의 발전입니다. 이 책을 통해 지금의 컴퓨터와 전혀 다른 원리로 움직이는 양자컴퓨터가 바꿀 미래의 모습을 만날 수 있습니다.

매사추세츠공대MIT가 발간하는 과학 저널 《MIT 테크놀로지 리뷰》는 "2019년은 블록체인 기술이 대중화되는 해"라고 전망했습니다. 그들의 예측처럼 블록체인은 금융업계부터 교육 분야까지 사회 전반에 걸쳐 사용되고 있습니다. 이와 함께 전자업계의 판도를 바꿀 꿈의 신소재인 '그래핀', 세상에서 가장 작은 움직임으로 무궁무진한 발전 가능성을 보여주는 '분자기계'에 대해 다뤘습니다.

6장은 일상을 바꿀 에너지에 대한 연구를 다뤘습니다. 우리의 일상을 차지하고 있는 스마트폰의 배터리인 '이차전지', 환경을 생각하는 에너지인 '인공광합성', 플라스틱을 대체할 '바이오플라스틱'도 함께 다뤘습니다.

이 책에서 다룬 17가지 과학 연구는 더 이상 손에 잡히지 않는 미래의 과학이 아닙니다. 과학자들의 치열한 고민과 노력으로 이미 우리 곁에 와 있는 현재의 과학입니다. 과학계의 '핫'이슈가 무엇인지 궁금한 사람, 진로가 고민인 청소년, 논문에 익숙하지 않아 어려움을 겪는 대학생, 어떤 과학기술에 투자해야 할지 고민인 투자자까지, 이 책은 다양한 독자들의 궁금증을 해소시켜 줄 것입니다.

연구 현장의 생생한 목소리가 담긴 이 책을 통해 과학 연구의 세계적인 흐름을 파악할 수 있길 바랍니다. 더불어 어렵다고만 생각했던 과학 논문의 재미를 알았으면 좋겠습니다.

한국경제신문 기자 최 지 원

01

저자 프로필

바이러스의 치열한 생존기, 인류의 역사가 되다

바이러스의 치열한 생존기, 인류의 역사가 되다 [바이러스]

대표 저자 최지원 한국경제신문 기자

서강대학교 컴퓨터공학과와 신문방송학과를 졸업하고 2015년 동아사이언스에 입사했다. 월간 과학잡지 《과학동아》를 제작하며, 다양한 분야의 과학 기술을 취재했다. 이후 한국경제신문에서 바이오 산업을 취재하고 있다. 새롭게 등장하는 여러 생물공학 기술과 신약에 관심이 많다.

02

유전자 혁명, 신의 영역에 도전하다

신의 영역, 유전자에 도전하다 [크리스퍼]

정유진 한국기초과학연구원 (IBS) 유전체교정연구단 선임 연구원

서울대학교에서 박사과정을 마친 후 유전체교정연구단에서 선임연구원으로 근무하고 있다. 유전자 가위 '크리스퍼'를 이용하여 인간 질병을 동물에서 재현해 병에 대한 이해도를 높이고, 반대로 유전자 가위를 통하여 치료하는 방안 또한 연구하고 있다.

인간이 설계한 생물이 탄생하다 [합성생물학]

박흥재 체코국립과학원 (Czech Academy of Sciences)

고려대학교 계산및합성생물학 연구실에서 박사과정을 밟은 후 체코국립과학원에서 연구를 이어가고 있다. DNA를 읽고, 쓰고, 고치는 분자적 기법을 균류에 적용해 균류 유전체의 특성을 연구하고 있다.

나의 경험도 유전된다 [후성유전학]

서호규 미국 클리브랜드 클리닉 (Cleveland Clinic) 박사후연구원

한국과학기술원(KAIST) 생명과학대학원에서 박사과정을 밟았다. 박사과정을 밟는 동안에는 크로마틴연구실에서 프로테아좀 단백질이 지닌 후성유전학적 성질을 연구했고, 현재는 미국 클리브랜드 클리닉에서 박사후연구원으로 바이러스 단백질을 연구하고 있다.

03

암은 정말 불치의 병인가

우리 몸을 지키는 면역세포로 암을 고친다! [면역항암제]
이원재 엠디 앤더슨 암센터(MD Anderson Cancer Center) 박사후연구원
서울대학교에서 박사과정을 마치고 미국 앰디 앤더슨 암센터에서 인스트럭터(Instructor)로 재직 중이다. 난소암의 복강 내 전이 매커니즘에 관련된 암세포와 면역세포 간의 상호작용을 연구하고 있다.

생명의 혁명, 암 환자를 위한 미니 아바타 [오가노이드]
염민규 영국 케임브리지대학교 줄기세포연구소 박사후연구원
영국 케임브리지대학교의 줄기세포연구소에서 박사후연구원으로 근무하고 있다. 생쥐 유전 모델과 오가노이드 그리고 수학적 모델링을 활용하여 대장암 발생 과정에서 암세포와 주변 정상세포 간의 상호작용을 연구하고 있다.

비만에서 행동까지, 나를 결정하는 숨은 지배자 [장내미생물]
이기현 CJ 바이오사이언스 바이오-디지털 플랫폼(Bio-Digital Platform) 센터 선임연구원
서울대학교에서 생명과학을 전공으로 박사과정을 밟았으며, 이후 중앙대학교 시스템생명공학연구실에서 박사후연구원으로 근무했다. 현재는 CJ 바이오사이언스 바이오-디지털 플랫폼 센터에서 선임연구원으로 있으며 인체 마이크로바이옴에서 신약 후보 균 또는 물질을 발굴하는 연구를 가속화하기 위한 생명정보 플랫폼 개발에 참여하고 있다.

04

우리 뇌는 어떻게 작동할까

빛으로 뇌를 지배한다 [광유전학]
신안나 인테그로메디랩(IML) 연구원
한국과학기술원 행동유전학연구실에서 박사과정을 완료 후 인테그로메디랩에서 신경과학을 활용한 연구를 진행 중이다. 박사과정 동안 주로 광유전학 기법을 이용해 우울증이나 파킨슨병과 같은 질병이나 동물의 본능적 행동의 원리를 연구했다.

이세돌을 이긴 알파고의 공부법 [인공지능]
김은솔 한양대학교 컴퓨터소프트웨어학부 조교수

서울대학교 컴퓨터공학부에서 인공지능을 전공하고 박사학위를 받은 뒤, 한양대학교 컴퓨터소프트웨어학부 조교수로 있다. 주로 비디오와 같은 멀티모달 데이터를 이해하는 기계학습 기술을 연구하고 있다. 이미지와 소리, 언어 데이터가 순차적으로 포함된 비디오 데이터를 학습하여 그 주제나 내용을 자동으로 분석하고 이를 활용하여 비디오 검색, 질의응답, 생성을 할 수 있는 기술을 연구하고 있다.

세상의 모든 정보를 모아 세상을 바꾼다 [빅데이터]
배장원 한국기술교육대학교 산업경영학부 조교수

한국과학기술원에서 산업및시스템공학과 박사과정을 마치고 현재 한국기술교육대학교 산업경영학부 조교수로 있다.

05
산업의 판도를 바꾸다

컴퓨터의 새로운 패러다임 [양자컴퓨터]
이정현 한국과학기술연구원(KIST) 차세대반도체연구소 양자정보연구단 선임연구원

매사추세츠공과대학(MIT)에서 물리학 박사과정을 마치고 현재 한국과학기술연구원 차세대반도체연구소 양자정보연구단에서 선임연구원으로 있다. 미시세계의 원자의 움직임에 매료되어 양자컴퓨터, 양자정보를 포함한 원자물리학에 전반적으로 관심이 많으며 현재는 다이아몬드 내 점결함 큐비트를 이용한 양자컴퓨터 개발에 힘쓰고 있다.

우리 사회를 하나로 연결하는 기술 [블록체인]
박준후 아이오트러스트 소프트웨어 엔지니어

충남대학교 컴퓨터공학과에서 박사과정을 마치고, 아이오트러스트에서 소프트웨어 엔지니어로 근무하고 있다. 블록체인 환경의 프라이버시 보호, 스마트 컨트랙트 오라클, 사용자 키 관리와 같은 블록체인 전반의 기술 문제를 해결하기 위한 연구를 하고 있다.

0.3nm의 그래핀 한 층, 전자 업계를 흔든다 [그래핀]
이주송 한국과학기술연구원 기능성복합소재연구센터 박사과정 연구원

한국과학기술연구원 기능성복합소재연구센터에서 박사과정을 밟고 있다. 그래핀뿐만 아니라 원자 크기의 고유의 독특한 성질을 지닌 2차원 소재를 합성 및 분석을 통해 성능을 개선하는 연구를 하고 있다. 주로 반도체, 부도체 특성을 나타내는 전이금속 디칼코게나이드계 물질(TMDs) 및 육방정 질화붕소(h-BN)를 화학기상증착법을 통해 단결정으로 합성하는 연구를 하고 있다.

세상에서 가장 작은 움직임을 만든다 [분자기계]
조윤식 전 서울대학교 멀티스케일 에너지과학연구실

서울대학교 지능형 유도조합체 연구단과 멀티스케일 에너지과학연구실에서 공동으로 박사과정을 마치고 현재 기업 연구소에 재직 중이다. 고분자 사이에서 발생하는 초분자 상호작용을 바탕으로 새로운 광학 소재 또는 이차전지 소재 등을 개발하는 연구를 진행하였다.

06

에너지, 지구를 지킬 남다른 가능성을 찾다

'콘센트 좀비'가 되지 않는 가장 현명한 방법 [이차전지]
김세희 한국화학연구원(KRICT) 에너지소재연구센터 선임연구원

울산기술과학원(UNIST)에서 배터리과학및기술 전공 박사학위를 취득한 뒤 LG화학을 거쳐 현재 한국화학연구원 에너지소재연구센터에서 선임연구원으로 재직 중이다. 프린팅 기법을 이용한 다형상 고안전성 전고체 리튬이온전지를 연구했으며, 차세대 이차전지 연구에 매진하고 있다.

이성선 한국세라믹기술원(KICET) 박사후연구원

울산기술과학원에서 배터리과학및기술 전공 박사학위를 취득하고 한국세라믹기술원 박사후연구원으로 재직 중이다. 프린팅 기법을 활용하여 원하는 사물 위에 다양한 모양으로 만들 수 있는 고체상 슈퍼 커패시터를 연구했으며, 현재 차세대 전지 개발을 위해 힘쓰고 있다.

전기를 만들어 내는 나뭇잎, 태양빛을 흡수하다 [인공광합성]
김영혜 한국과학기술연구원 청정에너지연구소 박사후연구원

서울대학교 생체분자나노재료연구실에서 박사과정을 마치고, 한국과학기술연구원 청정에너지연구소에서 박사후연구원으로 근무하고 있다. 식물 광합성을 모델로 이산화탄소를 전기화학적으로 전환하고 고부가가치의 탄소연료를 생산하는 연구를 하고 있다.

플라스틱으로 오염된 지구를 살려라! [바이오플라스틱]
구준모 한국화학연구원 바이오화학연구센터 선임연구원

한양대학교 유기나노공학과에서 박사학위를 마친 후, 한국화학연구원을 거쳐 스웨덴 KTH 왕립공과대학교에서 박사후연구원 생활을 하였으며, 현재 한국화학연구원 바이오화학연구센터 선임연구원으로 근무하고 있다. 바이오매스 기반의 단량체를 활용하여 일상생활에서도 활용 가능한 생분해성 플라스틱 소재 연구를 수행하고 있으며 고분자 중합, 구조 물성 분석, 생분해에 걸친 전주기 평가 연구로 확장하고 있다. 토양 및 퇴비 환경과 생분해성 플라스틱의 관계에 매우 큰 관심을 갖고 있다.

차례

미래를 읽는 최소한의 과학지식

젊은 과학자들이 주목한 논문으로 시작하는 교양과학

바이러스의 치열한 생존기, 인류의 역사가 되다

최지원 한국경제신문 기자

인류의 역사는 바이러스와 함께 발전했다고 해도 과언이 아닙니다. 루이 16세의 할아버지인 루이 15세는 천연두로 갑자기 세상을 떠났습니다. 때문에 아직 왕좌에 오를 준비가 되어 있지 않았던 루이 16세가 급하게 왕이 되며, 프랑스는 혼란에 빠졌습니다.

영국과 프랑스의 지난한 싸움이었던 백년전쟁을 일으킨 영국의 왕 에드워드 3세의 딸 존 공주는 지금의 스페인인 카스티야 공국의 왕자와 결혼식을 올리러 가던 중 페스트(흑사병)에 걸려 사망했습니다. 만약 공주가 결혼에 성공했다면, 영국은 스페인이라는 든든한 지원군을 얻었을 테고 유럽의 역사는 지금과 달라졌을지도 모릅니다.

그로부터 수백 년이 지났지만 인류는 여전히 감염병으로부터 자유롭지 않습니다. 인간이 의학을 발전시키는 만큼 바이러스도 자신의 생존

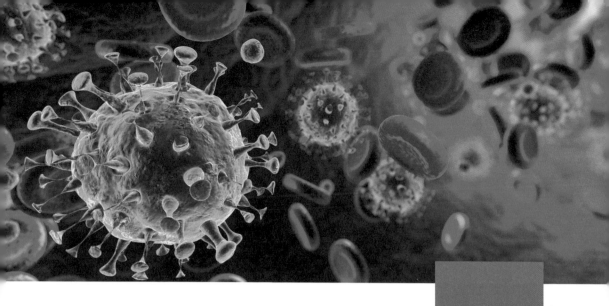

바이러스

전략을 치밀하게 바꿔 왔기 때문입니다. 바이러
스가 치열하게 고민한 결과는 2020년 전 세계
를 펜데믹으로 이끈 코로나바이러스감염증-19COVID-19로 나타났습니다.

코로나바이러스감염증-19(이하 코로나-19)는 여러 가지 점에서 이전의
바이러스와 다릅니다. 코로나-19를 일으키는 바이러스는 'SARS-CoV-2'
로, 이름에서 알 수 있듯이 2003년 인류를 괴롭혔던 사스SARS: 중증급성호흡
기증후군와 사촌쯤 되는 바이러스입니다. 하지만 사스보다 전파력이 훨씬
강하며, 특히 증상이 거의 나타나지 않는 초기에도 다른 사람에게 전파
하는 '무증상 감염'까지 가능합니다.

전 세계를 불안과 혼란에 빠뜨리고 세계 경제까지 뒤흔든 코로나-19
바이러스, 어쩌다 이런 녀석이 우리에게 오게 된 것일까요?

01
바이러스의
치열한 생존기,
인류의 역사가 되다

피해 갈 수 없는 사이토카인 폭풍

"당신들은 천하무적이 아니다."

테워드로스 아드하놈 거브러여수스 세계보건기구WHO 사무총장은 코로나-19 바이러스의 유행 초기에 전 세계의 젊은이들에게 경고했습니다. 물론 감염병이 나이가 많은 중장년층만을 노리고 공격하는 것은 아니지만, 상대적으로 면역력이 강한 20~30대에게 감염병을 조심하라고 경고하는 것은 매우 이례적인 일입니다. 거브러여수스 사무총장이 이런 말을 한 것은 코로나-19가 젊은층에게도 치명적일 수 있는 '사이토카인 폭풍'을 불러올 수 있기 때문입니다.

바이러스나 병원균이 침입하면 우리 몸은 이에 맞서 싸울 준비를 합니다. 이 과정을 '면역반응'이라고 합니다. 이때 우리 몸을 지키는 최전방

📷 사이토카인 폭풍이 발생하는 과정

바이러스가 침입하면 대식세포와 같은 면역세포들은 다른 면역세포들을 불러모으기 위해 사이토카인을 분비한다. 그 과정에서 사이토카인이 과잉 분비되는 '사이토카인 폭풍' 현상이 발생하면 면역세포가 정상세포까지 공격하면서 장기에 손상이 가기 시작한다.

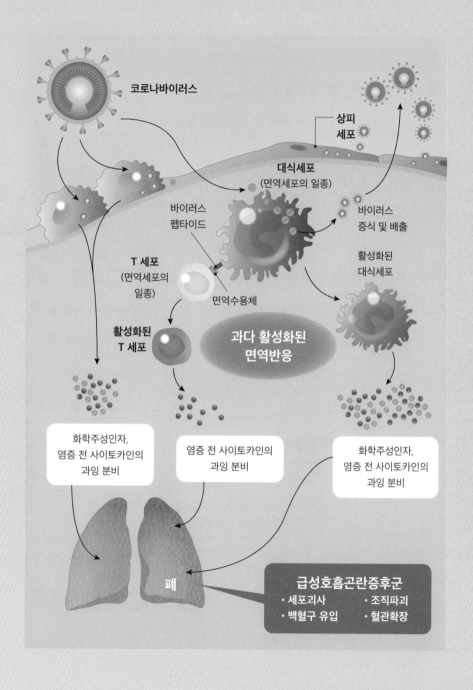

면역세포가 다른 세포들에게 바이러스의 침입 사실을 알리기 위해 분비하는 물질이 '사이토카인cytokine'입니다.

사이토카인은 쉬고 있던 면역세포를 활성화시키는 역할도 하지만, 여러 세포가 더 많은 사이토카인을 분비할 수 있게 만드는 '사이토카인 연쇄반응'을 일으킵니다. 일반적인 상황에서 사이토카인의 분비는 바이러스와의 전쟁을 승리로 이끄는 일등공신입니다. 면역력이 떨어지는 경우 소량의 사이토카인을 주입해 치료하는 경우도 있으니까요.

하지만 과유불급이라는 말처럼 사이토카인이 과도하게 분비되면, 면역세포들은 적군을 넘어 아군, 즉 정상세포까지 공격하게 됩니다. 온몸에서 염증반응이 일어나는 것입니다. 면역세포의 공격을 받은 정상세포들이 괴사하고, 폐와 같은 주요 장기가 제 기능을 하지 못하면서 심각할 경우 사망에까지 이르게 됩니다. 젊다고 안심할 수 없는 상황이죠.

2020년 3월 13일 영국의 유니버시티 컬리지 런던 병원UCLH: University College London Hospitals의 연구진은 세계적인 의학 학술지 《랜싯lancet》에 중증 코로나-19의 원인이 사이토카인 폭풍이라는 기고문을 발표했습니다.[1] 연구진은 코로나-19의 치사율이 3.7%에 이르는 이유가 사이토카인 폭풍으로 인한 과염증반응 때문이며, 실제 중국 우한의 환자들에게서 페리틴ferritin 단백질, 인터루킨-6IL-6 수치가 평균보다 훨씬 높게 나타났다고 합니다.

페리틴 단백질은 철 성분이 일정한 수치를 유지할 수 있도록 돕는 단백질로, 만성 염증의 표지로 사용됩니다. 사이토카인의 한 종류인 인터루킨-6도 만성 염증을 판단하는 주요 표지로, 이 두 물질의 수치가 매우 높으면 과염증반응이 일어났을 가능성이 높습니다. 실제 사이토카인 폭풍은 과거 스페인독감, 사스, 조류독감 등 인류를 위협했던 여러 감염병에서도 많은 사람을 사망에 이르게 한 원인이었습니다.

코로나-19 사태 초기에는 사이코카인 폭풍이 일어나는 구체적인 원인이 밝혀지지 않아 중증 코로나-19 환자의 치료에 많은 어려움을 겪었습니다. 하지만 2020년 한국과학기술원KAIST 의과대학원에서 사이토카인 폭풍의 원인 중 하나가 지금까지 항바이러스 작용을 하는 좋은 사이토카인으로 알려졌던 '인터페론INF-1'이라는 사실을 밝혀내며 새로운 패러다임을 제시했습니다. 2022년인 지금은 사이토카인으로 인해 중증 폐렴으로 악화되는 것을 억제하는 경구용 치료제가 개발 중에 있습니다. 치료제가 사용 승인 등의 과정을 거쳐 의료 현장에서 데이터를 충분히 확보하기까지 시간이 걸릴 것으로 보이나 연구가 계속되어 온 만큼 앞으로의 다양한 치료제 개발을 기대해 봅니다.

진화하는 바이러스, 어떻게 생겼나?

바이러스의 구조는 크게 뉴클레오캡시드, 유전체, 외피로 구성되어 있습니다. 가장 중요한 유전체는 바이러스의

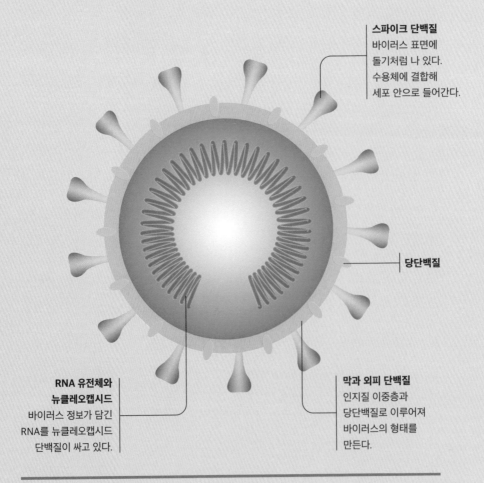

스파이크 단백질
바이러스 표면에
돌기처럼 나 있다.
수용체에 결합해
세포 안으로 들어간다.

당단백질

**RNA 유전체와
뉴클레오캡시드**
바이러스 정보가 담긴
RNA를 뉴클레오캡시드
단백질이 싸고 있다.

막과 외피 단백질
인지질 이중층과
당단백질로 이루어져
바이러스의 형태를
만든다.

📷 코로나바이러스의 내부 구조
막 단백질이 바이러스 유전체를 감싸 전체적으로 동그란 형태를 띤다. 바깥에는 돌기 형태의 스파이크 단백질이 촘촘히 달려 있다.

유전정보가 담겨 있는 물질로, DNA 혹은 RNA입니다. 뉴클레오캡시드는 유전체를 담고 있는 일종의 상자로, 바이러스의 모양을 결정합니다. 코로나바이러스는 구형에 가까운 모양이지만, 에볼라 바이러스는 기다란 실 모양이며, 모양이 나선형, 이십면체인 바이러스도 있습니다. 뉴클레오캡시드를 싸고 있는 막이 외피입니다. 외피는 보통 숙주의 지방 분자로 이뤄져 있어 바이러스를 위험물질로부터 막아 줍니다.

일부 바이러스의 외피에는 서로 다르게 생긴 단백질이 방망이처럼 꽂혀 있어, 때로는 단백질 모양만으로도 바이러스의 정체를 눈치챌 수 있습니다. 코로나-19 바이러스는 외피에 왕관 모양의 '스파이크 단백질'이 있어서 코로나바이러스라는 것을 빨리 알 수 있었습니다.

박쥐에 있던 바이러스가 어떻게 우리에게 오게 됐나?

코로나-19처럼 동물과 인간 사이에 서로 전염될 수 있는 질병을 '인수공통감염병'이라고 합니다. 최근 20년간 세계적으로 유행한 조류독감, 사스, 메르스, 에볼라, 코로나-19 등 대다수의 신종 감염병은 인수공통감염병입니다.

인수공통감염병은 바이러스를 가지고 있던 보유 숙주에서 바이러스를 옮은 중간 숙주를 거쳐 인간에게 도달합니다. 사스, 메르스, 코로나-19 모두 박쥐가 가지고 있던 코로나바이러스에서 유전적 변이가 일어나면서 발생한 감염병입니다.

코로나-19가 발생하기 1년 전인 2019년 3월 중국과학원 산하의 우한바이러스연구소 연구팀은 국제학술지 《바이러스》에 박쥐에서 유래한 코로나바이러스가 출현할 가능성이 높다는 논문을 발표했습니다.[2] 코로나바이러스는 크게 알파, 베타, 감마, 델타의 4종류로 나눌 수 있는데, 그중 알파와 델타는 사람이 감염될 수 있습니다.

연구진은 박쥐가 인간에게 전파될 수 있는 알파 코로나바이러스를 10개, 베타 코로나바이러스를 7개 가지고 있고, 박쥐의 몸 안에서 유전자재조합이 일어나 지금껏 없던 새로운 유형의 바이러스가 나올 수도 있다고 우려했습니다.

아직 코로나-19의 정확한 기원은 밝혀지지 않았습니다. 다만 인간의 코로나-19 바이러스와 박쥐가 가진 코로나바이러스 사이의 유전적 유사성이 80%대에 그쳐, 아마 중간 숙주를 거쳐 전염되었을 것으로 추정하고 있습니다.

그렇다면 인수공통감염병이 왜 이렇게 자주 인간을 공격하는 것일까요?

미국의 저명한 과학저술가 데이비드 콰먼은 인간이 붕괴시킨 자연 생태계에서 비롯되었다고 주장했습니다.[3] 자연에는 바이러스, 세균, 곰팡이 등 수많은 병원체가 있습니다. 이들은 수만 년 동안의 진화를 통해 동물과 함께 살 수 있는 방법을 터득했습니다. 하지만 인간이 나무를 자르고 야생동물을 잡아먹으면서 병원체들은 본의 아니게 인간 세계로 발을 내디딜 수밖에 없었습니다. 콰먼은 병원체들이 인간을 숙주로 삼은 것은 멸종하지 않기 위한 그들의 생존전략이었다고 설명합니다.

실제 역사에 기록된 인류의 가장 잔인했던 전쟁, 제2차 세계대전이 있었던 1940년대부터 2004년까지

📷 바이러스의 원인 박쥐

발생한 300건 이상의 신종 감염병 중 60% 이상이 인수공통감염병이었다는 연구결과도 있습니다.[4] 그중 70% 이상은 야생동물에서 유래한 것이었죠. 이 연구결과만 봐도 콰먼의 주장이 터무니없는 이야기는 아닙니다. 치명적인 감염병이 창궐하는 데에는 분명 인간의 책임도 있습니다.

닮은 듯 닮지 않은 바이러스와 세균

바이러스와 세균, 이 둘은 무척 닮은 듯 보이지만 사실 전혀 다른 물질입니다. 가장 눈에 띄는 차이는 크기입니다. 구형 바이러스의 지름은 약 28nm(1nm는 10억 분의 1m)로 평균적으로 세균의 10분의 1 정도 크기입니다.

이렇게 작다 보니 바이러스의 존재는 세균보다 200여 년이나 늦게 밝혀졌습니다. 1892년 러시아의 식물학자인 드미트리 이바노프스키는 담뱃잎이 썩어 들어가는 '담배모자이크병'을 일으키는 것이 무엇인지를 알아내기 위해 연구했습니다. 그는 세균을 걸러낼 수 있는 무균 필터에 병에 걸린 식물의 추출물을 통과시켰습니다. 세균을 걸러낸 물을 다른 식물에 주입한 결과, 그 식물 역시 병에 걸리는 것을 확인했습니다. 즉, 세균보다 더 작은 물질이 담배모자이크병의 원인이었던 것이죠.

하지만 세균과 바이러스는 크기보다 더 중요한 차이가 있습니다. 세균은 혼자서 독립적으로 살아갈 수 있는 '생물'이지만, 바이러스는 반드시 숙주세포가 있어야 하는 '무생물'이라는 점입니다. 하지만 바이러스가 유전물질을 가지고 있기 때문에 생물이라고 보는 학자도 있습니다. 바이러스는 숙주의 생체 시스템을 이용해 자신의 유전물질을 복제한 뒤, 다른 숙주로 옮겨가 개체수를 늘립니다.

백신 개발은 왜 이렇게 더딘가?

모든 신약은 개발하는 데 꽤 많은 시간이 걸립니다. 특히 한시가 급한 펜데믹 상황에서는 백신 개발이 더욱 더디게 느껴지죠. 백신을 개발하는 데 시간이 오래 걸리는 이유는 대다수의 전염병이 신종이기 때문입니다. 과학자들도 난생처음 보는 바이러스다 보니, 백신은커녕 바이러스의 정체를 알아내는 데에도 많은 시간이 걸립니다.

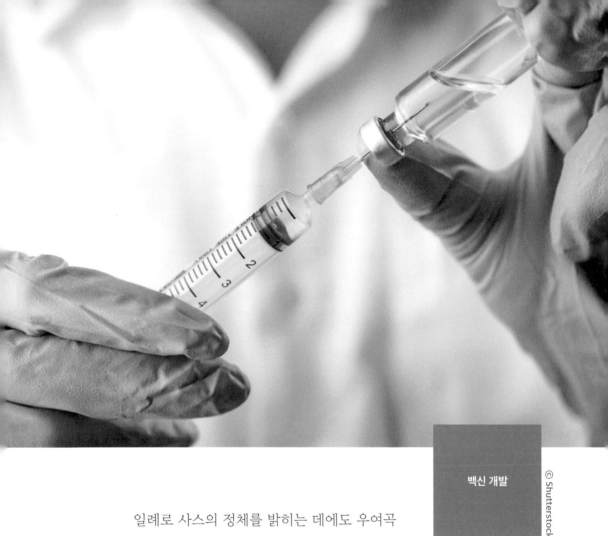

백신 개발

　일례로 사스의 정체를 밝히는 데에도 우여곡
절이 있었습니다. 과학자들이 가장 먼저 부닥친
어려움은 이 바이러스가 우리가 알고 있는 바이러스인지, 알고 있는 것
과 비슷한 것인지, 아예 새로운 것인지를 알아내는 것이었습니다. 사스
는 인간에게 치명적인 최초의 코로나바이러스였기 때문에 과학자들은
처음에 사스가 인플루엔자의 일종이라고 생각했습니다. 결국 말릭 페이

리스 홍콩대 교수팀이 사스 바이러스를 바이러스 도감과 일일이 비교해 코로나바이러스라는 사실을 알아냈죠.

불행 중 다행으로 코로나-19는 우리가 이미 경험해 본 사스와 생김새도 비슷하고, 야기하는 증상도 비슷하여 '사스 바이러스와 비슷한 바이러스'라는 가설을 바로 세울 수 있었습니다. 덕분에 유전자 분석이나 바이러스 표면에 있는 단백질을 검출하는 '분자분석법' 등을 이용해 빠른 시간에 정체를 알아냈습니다.

바이러스는 DNA 혹은 RNA로 자신의 유전정보를 저장합니다. DNA는 두 가닥으로 이루어져 있고, 각 가닥은 4개의 뉴클레오티드인 아데닌A, 티민T, 시토신C, 구아닌G으로 이루어져 있습니다. 네 종류의 염기에는 '아데닌은 반드시 티민과, 시토신은 구아닌과만 결합하는' 특이적인 관계가 있습니다. 덕분에 DNA를 복제하는 과정에서 오류가 생겨도 금방 바로잡을 수 있습니다.

반면 RNA는 한 가닥으로 이뤄져 있어 복제 과정에서 문제가 생기거나 유전적 변이가 일어나도 눈치채기가 어렵습니다. 그만큼 돌연변이가 많이 발생합니다. 대부분의 돌연변이는 생존에 치명적인 변화를 가져오지만, 운 좋게도 간혹 생존에 도움이 되는 변이가 발생하기도 합니다.

따라서 RNA를 유전물질로 이용하는 바이러스는 DNA 바이러스보다 돌연변이가 더 많이 생기고, 때로는 생존력도 매우 강한 바이러스로 진화하기도 합니다. 백신 개발이 어려운 것도 RNA의 잦은 돌연변이와 관련이 있습니다.

과거 3억 명 이상의 목숨을 앗아간 천연두 바이러스는 한때 정말 무시무시한 바이러스였습니다. 하지만 천연두 바이러스는 DNA 바이러스여서 백신이 개발된 이후 어떤 돌연변이도 없이 100여 년 만에 근절됐습니다.

반면 코로나-19, 사스, 메르스 등 코로나바이러스는 RNA 바이러스로 백신 개발에 어려움이 따를 거라는 예측이 이어졌습니다. 하지만 총력을 집중한 결과 백신 개발 기간을 대폭 단축할 수 있었고, mRNA 백신을 상용화하는 데 성공했습니다.

코로나-19 백신 돌파구가 된 mRNA

신종 감염병의 백신 개발로 골머리를 앓던 과학자들은 단시간에 개발할 수 있으면서도, 효과가 강력한 백신을 고민했습니다. 그 결과 그 유명한 'mRNA' 백신이 등장하게 됐습니다.

mRNA는 DNA와 단백질의 중간다리 역할을 하는 핵산입니다. 세포 내 DNA는 모든 단백질 정보를 다 담고 있습니다. 책에 비유하자면 400페이지의 두꺼운 책인 셈이죠. mRNA는 그 책에서 필요한 부분만을 발췌한 복사본입니다.

우리 몸은 mRNA의 정보를 활용해 단백질을 생산해 냅니다. mRNA 백

01
바이러스의
치열한 생존기,
인류의 역사가 되다

신은 바이러스 항원 유전자를 찾아 그 부분만 mRNA의 형태로 제작한 백신입니다. 바이러스의 mRNA가 몸 안에 들어가게 되면, 체내 단백질 생산 시스템은 바이러스의 항원 단백질을 열심히 만들어 냅니다. 바이러스 항원 단백질을 만난 면역세포는 이 정보를 기억했다가, 나중에 진짜 바이러스가 침입했을 때 빠르게 공격합니다.

이번 코로나-19 사태에서 mRNA가 이토록 큰 활약을 한 것은 mRNA의 개발 속도가 매우 빨랐기 때문입니다. 바이러스의 유전자 정보만 알 수 있으면 현재 기술력으로 mRNA를 합성하는 것은 어렵지 않습니다.

실제 코로나-19 바이러스와 유사한 메르스 바이러스, 사스 바이러스 백신은 첫 임상시험에 돌입하기까지 각각 22개월, 25개월이 걸렸습니다. 반면 mRNA 백신인 코로나-19 백신은 바이러스 발견 후 69일 만에 임상시험을 시작했습니다. 기존의 10분의 1 정도의 시간 만에 백신 후보 물질이 개발된 것입니다.

코로나-19는 백신의 패러다임을 바꿨을 뿐만 아니라 글로벌 제약사의 지형도도 바꿨습니다. 글락스스미스클라인GSK, 사노피 같은 기존의 백신 강호였던 글로벌 제약사를 제치고 모더나, 바이오엔텍과 같은 작은 바이오텍이 mRNA를 무기로 승기를 잡았습니다. 모더나는 코로나-19 사태 이전에는 상장 폐지 위기에 있었을 만큼 재정적으로 어려운 상황이었으나 mRNA 백신 하나로 현재는 나스닥 기준 50위권의 기업으로 성장했습니다.

미래를
읽는
최소한의
과학지식

많은 국내외 기업들이 mRNA 백신 개발에 뛰어들고 있지만, mRNA 백신을 만드는 것이 쉽지만은 않습니다. RNA를 체내에서 오래 유지시킬 만한 기술이 부족하기 때문입니다. RNA는 DNA와는 다르게 체내에서 쉽게 분해됩니다. 때문에 mRNA가 단백질로 번역될 때까지 RNA를 보호할 수단이 필요합니다.

현재 모더나와 바이오엔텍은 지질나노입자LNP; Lipid Nano Particle에 RNA를 넣어(정확하게는 섞어) 체내로 전달하는 방식을 이용하고 있습니다. 유용한 기술이지만 현재 두 기업이 이 기술에 대한 특허를 확보하고 있어, 후발 주자들이 mRNA 백신을 개발하는 것이 녹록지 않은 상황입니다. 최근 두 기업은 백신 제조 기술을 공유하자는 세계보건기구의 제안을 거절했습니다.

이를 대체하기 위해 세포 안의 작은 주머니인 '엑소좀', 세포막과 유사한 성분으로 만들어진 구 형태의 '리포좀' 등을 이용해 mRNA을 전달하려는 연구들이 이뤄지고 있습니다.

진단키트의 원리는 무엇인가?

코로나-19 사태로 우리나라의 진단 기술이 세계적으로 큰 주목을 받았습니다. 엄청나게 많은 의심 환자를 빠르고 정확하게 진단했기 때문입니다. 감염자 여부를 판단하는 진단 방법은 크게 두 가지입니다. 항원-항체 반응을 이용한 '항체검사법'과 감염 의심자의 유전자에서 바이러스 유전자를 찾는 '분자진단법RT-PCR'입니다.

면역세포는 바이러스가 침입하면 바이러스 단백질(항원)에 특이적으로 달라붙는 항체(IgM, IgG)를 만듭니다. 따라서 감염자의 혈액에는 많은 양의 항체가 존재하죠. 항체검사법은 감염 의심 환자의 혈액에 항원을 넣어, 항원-항체 반응이 일어나는지를 확인하는 것입니다. 10분이면 진단이 가능하지만, 정확도는 50~70% 정도라 우리나라에서는 코로나-19 사태 초기에 이 방법을 사용하지 않았습니다. 하지만 하루 신규 확진자 수가 계속 증가하며 대유행하자 항체검사법을 이용한 자가검사키트를

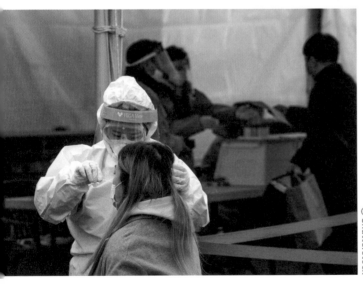

📷 **우리나라의 진단키트 사용**

우리나라의 경우 감염 의심 환자의 코, 입 등에서 점액 세포를 채취한 뒤, 바이러스의 유전자를 증폭시켜 감염 여부를 확인하는 '분자진단법'을 사용한다.

© Shutterstock

미래를
읽는
최소한의
과학지식

활용하기로 했습니다.

분자진단법은 감염 의심 환자의 코나 입속의 세포를 채취해, 바이러스의 유전물질이 있는지를 찾아내는 방법입니다. 바이러스의 유전물질에서 특징적인 표지를 찾은 뒤, '중합효소연쇄반응PCR'이라는 방법을 통해 그 부분을 수백만 배로 복제합니다. 만약 감염자라면 충분한 양의 바이러스 유전물질이 검출되겠죠? 이 방법은 6시간 정도가 소요되지만 아주 정확합니다. 우리나라에서는 코로나-19 바이러스 RNA의 표지를 여러 개 이용해 정확도를 97%까지 끌어올렸습니다.

감염병을 막을 수 있는 다른 방법은 무엇인가?

백신이 개발되지 않은 상황에서 감염병을 막을 수 있는 방법은 철저한 역학조사와 현실적인 대책입니다. 현실적인 대책을 세우려면 정확한 예측이 필수입니다. 정확한 예측을 가능하게 하는 것은 감염병의 수학 모형입니다.

감염병을 이해하는 데 '수학'이 정말 중요합니다. 가장 기본적인 수학 모형은 'SIR 모형'입니다. SIR 모형은 전체 인구를 감염 가능성이 있는 집단(S), 이미 감염된 집단(I), 치료됐거나 사망해 감염 위험성이 없는 집단(R)으로 나눕니다. 그리고 조건과 상황에 따라 각 집단이 어떻게 변하는지를 수식으로 표현합니다.

바이러스의 치사율, 전파 속도, 사망률과 출생률, S 집단과 I 집단이 만날 확률, 감염이 지속되기 위한 최소 임계점 등 다양한 변수를 토대로 미분방정식을 세워 바이러스 전파의 초기 양상은 물론 바이러스의 유행 규모까지 예측합니다. 인플루엔자의 경우 1,000개가 넘는 미분방정식을 이용합니다.[5]

놀랍게도 SIR 모형이 처음으로 등장한 것은 1927년이었습니다. 스코틀랜드의 생화학자였던 윌리엄 오길비 커맥과 의사였던 앤더슨 매켄드릭은 〈유행병에서 수학적 이론의 기여〉라는 논문을 발표했습니다.[6] 이 논문에서는 3개의 집단 S, I, R를 정의하고 집단 간의 움직임을 3개의 미분방정식으로 표현했습니다. 지금은 집단을 좀 더 세분화하고, 변수를 추가해 다양한 상황을 수식으로 나타내는 정교한 수학 모형을 사용하지만, 커맥과 매켄드릭의 아이디어는 감염병 수학 모형의 초석이 됐습니다.

수학 모형에 두 과학자만큼 큰 기여를 한 사람이 한 명 더 있습니다. 영국의 위생학자였던 조지 맥도널드입니다. 그는 1956년 〈말라리아 퇴치 이론Theory of the eradication of malaria〉이라는 논문을 통해 말라리아가 전염되는 데 필요한 모든 변수를 이용해 아주 중요한 값을 찾았습니다. 바로 기초감염재생산지수(R_0)입니다. R_0는 한 명의 감염자가 평균적으로 감염시키는 2차 감염자 수로, 감염병이 전파되는 속도를 간접적으로 나타냅니다. 맥도널드는 R_0가 1보다 작으면 감염병은 차츰 사라질 것이라는 결론을 내렸고, 이는 여전히 감염병 역학 연구에서 중요하게 사용되고 있습니다. 그의 통찰력을 엿볼 수 있는 대목입니다.

이렇게 개발된 수학 모형을 이용하면 효과적인 방역 대책을 세울 수 있습니다. 예를 들어 백신이 투입되기에 가장 효과적인 시기와 의미가 없어지는 시기, 타인과의 접촉률을 20% 낮췄을 때 감염이 끝나는 시기, 치료제를 어떤 집단부터 투여해야 하는지 등을 구체적으로 파악할 수 있습니다. 정부가 현실적인 감염병 정책을 세우는 데 반드시 필요하죠.

인류가 한곳에 머무르며 사회를 구성한 이후, 우리의 역사는 항상 바이러스와 함께했습니다. 잊을 만하면 찾아오고, 내쫓으면 다시 오는 바이러스. 우리에게 이로울 것 하나 없어 보이는 바이러스 때문에 아이러니하게도 인류는 많은 의학과 과학을 발전시켰습니다. 바이러스를 완전히 퇴치하지는 못했지만, 덕분에 꽤 슬기롭게 이들을 내쫓는 법을 배웠습니다. 바이러스는 꾸준히 진화하며 우리를 찾아오지만 언제나 그랬듯 슬기롭게 쫓아낼 수 있을 것입니다.

01
바이러스의
치열한 생존기,
인류의 역사가 되다

02

미래를 읽는 최소한의 과학지식
젊은 과학자들이 주목한 논문으로 시작하는 교양과학

유전자 혁명,
신의 영역에 도전하다

신의 영역,
유전자에 도전하다

정유진 한국기초과학연구원 유전체교정연구단 선임연구원

우리나라에서는 예로부터 아이를 점지해 주는 신, 삼신할매가 있다고 믿어 왔습니다. 이름만 다를 뿐 다른 나라에도 아이를 점지해 주는 신이 있습니다. 그만큼 아이의 탄생은 인간이 손댈 수 없는 영역, 즉 신의 영역으로 여겨져 왔습니다. 하지만 최근 연구결과를 보면 아이에 대한 결정은 더 이상 삼신할매만의 영역은 아닌 듯싶습니다.

2018년 영국 프랜시스크릭연구소와 미국 유타대 등 국제 공동 연구팀은 Y염색체를 가지고 있는 수컷 쥐 배아의 염색체를 교정해 암컷 쥐를 만드는 데 성공했습니다. 연구팀은 유전자를 교정할 수 있는 유전자 가위 '크리스퍼'를 이용했습니다. 성性을 결정하는 데 결정적인 역할을 하는 유전자의 일부를 잘라 수컷이었던 쥐를 암컷으로 만들었습니다. 과학자들은 태어날 때 결정되는 유전자를 어떻게 바꾼 것일까요?

기존(12개월)	크리스퍼(4~6개월)

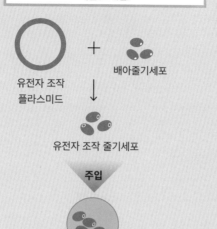

유전자 조작
플라스미드

배아줄기세포

유전자 조작 줄기세포

주입

수정란

수정란

크리스퍼

유전자 조작 쥐(동형)

① 정상세포와
유전자 조작
세포가 함께 있는
수정란에서 자란
쥐는 키메라가 된다.

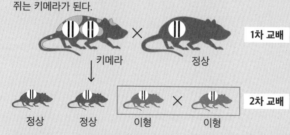

키메라 × 정상   **1차 교배**

정상   정상   이형 × 이형   **2차 교배**

② 유전자 조작
쥐를 만들려면
키메라에서 교배를
두 번 더 거쳐야 한다.

원하는 유전자 조작 쥐

정상   동형   이형

📷 유전자 조작 쥐 제작 방법

기존의 유전자 조작 방식은 매우 복잡하고 어려웠다. 유전자 조작 줄기세포를 제작해 쥐의 수정란에 주입하면 정상세포와 유전자 조작 세포를 모두 가지고 있는 키메라 쥐가 탄생한다. 키메라 쥐와 정상 쥐를 교배하면 정상 유전자와 조작 유전자를 반반 가진 2세대 키메라 쥐가 탄생하고, 2세대 키메라 쥐끼리 한 번 더 교배를 시키면 비로소 조작된 유전자만 가진 유전자 조작 쥐가 만들어진다. 한 마리의 유전자 조작 쥐를 만들기 위해 많으면 수천 번의 실험을 진행해야 하지만, 크리스퍼를 이용하면 한 번의 실험으로 유전자 조작 쥐를 만들 수 있다.

유전자 가위는 어떻게 발전해 왔나?

"콩 심은 데 콩 나고, 팥 심은 데 팥 난다"라는 말이 있습니다. 이 속담은 어떤 일이든 원인이 있으면 그에 따른 결과가 생긴다는 뜻이지만, 과학자들은 여기서 한 발 더 나아가 생각했습니다. '무엇이 콩을 콩으로 만들고, 콩 심은 데 똑같이 콩이 나오게 하는 것일까?' 그것이 바로 유전자가 하는 일입니다.

유전자는 생물의 설계도입니다. 만약 이 설계도에 조금이라도 이상이 있으면 몸에 큰 문제가 발생할 수 있습니다. 이 문제는 자식에게까지 전달됩니다. 과학자들은 오래전부터 자식에게 병이 전달되는 것을 막기 위해 문제가 있는 유전자를 고치는 연구를 해왔습니다.

유전자 편집은 1960년대에 처음 시작됐습니다. 박테리아의 면역체계를 연구하던 미국 하버드대의 로버트 위안Robert Yuan 박사와 매튜 메셀슨 Matthew Meselson 박사는 1968년 특이한 단백질 하나를 찾아내 국제 학술지 《네이처》에 발표했습니다.[1] DNA 중 특정한 염기서열을 인식하여 잘라 내는 '제한효소'였습니다. 1970년대부터 과학자들은 원하는 유전자를 잘라 내는 데 제한효소를 이용했습니다. 자르고자 하는 유전자 근처에 제한효소가 인식하는 유전자 서열을 삽입하여 잘라 내는 방식이었습니다.

하지만 제한효소는 6~8개의 염기서열만 인식할 수 있는 매우 '무딘' 가위였습니다. 인식할 수 있는 염기의 수가 많아질수록 가위의 정확도도

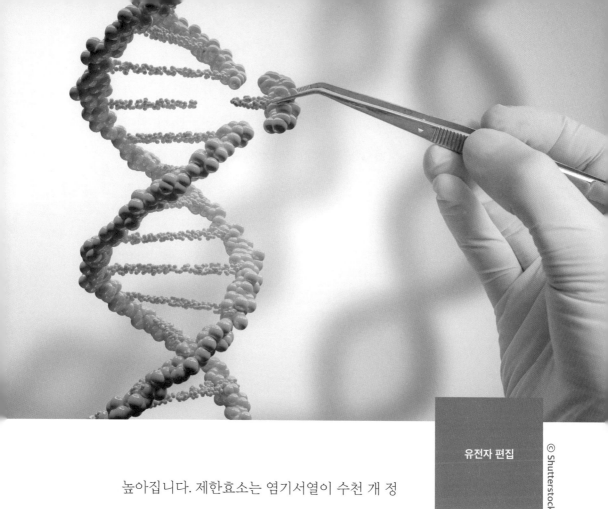

유전자 편집

높아집니다. 제한효소는 염기서열이 수천 개 정
도인 작은 생물에게는 효과적이었지만, 염기서
열을 32억 개나 가지고 있는 인간에게는 사용할 수 없었습니다. 자칫 자
르지 말아야 할 염기서열을 자를 위험이 있었기 때문이죠. 과학자들은
제한효소의 단점을 보완할 수 있는 유전자 가위를 만들고자 했습니다.

과학자들이 처음으로 개발한 1세대 유전자 가위는 '징크핑거 뉴클레
이스ZFM; Zinc Finger Nuclease'입니다. 징크핑거는 아연zinc이 결합된 손가락

finger 모양의 단백질로, 1980년대에 처음 발견됐습니다. 징크핑거는 우리 몸에 약 700종류가 있는데 특정한 DNA 염기서열 3개를 인식한 뒤, 염기에 달라붙어 유전자가 발현되도록 혹은 발현되지 않도록 조절합니다. 염기서열 3개를 인식하는 것만으로는 가위의 기능을 할 수 없기 때문에, 징크핑거를 여러 개 이어 만든 것이 징크핑거 뉴클레이스입니다.

징크핑거 뉴클레이스를 만든 사람은 미국 존스홉킨스대 스리니바산 찬드라세가란Srinivasan Chandrasegaran 교수입니다. 그는 플라보박테리아 Flavobacterium okeanokoites에서 발견된 제한효소 'Fok1'에서 DNA를 인식하는 부분을 떼어 냈습니다. 가위 날과 같은 Fok1과 징크핑거를 여러 개 묶어서 결합해, 1996년에 원하는 서열만 인식해 자를 수 있는 유전자 가위를 만들었습니다.[2]

징크핑거 뉴클레이스의 아이디어는 획기적이었지만 사용하기에는 몇 가지 문제가 있었습니다. 이론적으로 서로 다른 인식 부위를 가진 징크핑거를 6개 연결하면 18개의 염기를 구분할 수 있어야 하는데, 연결된 징크핑거 사이에 간섭이 일어나 정확성이 떨어졌기 때문입니다. 또한 기존에 알려진 징크핑거의 조합만으로는 만들지 못하는 염기서열이 있다는 한계가 있었습니다.

그로부터 10여 년이 흐른 2010년, 징크핑거 뉴클레이스의 단점을 보완한 2세대 유전자 가위인 탈렌TALEN; Transcription Activator-Like Effector Nuclease

이 등장했습니다. 탈렌은 징크핑거 뉴클레이스와 마찬가지로 DNA에 결합하는 영역과 DNA를 절단하는 영역으로 구성된 커다란 단백질입니다. 다만 탈렌은 징크핑거 대신 식물의 병원성 세균인 산토모나스 Xanthomonas에서 발견된 테일TALE 단백질을 이용합니다. 이 단백질은 염기를 하나씩 인식할 수 있습니다. 즉, 4개의 염기 아데닌, 티민, 구아닌, 시토신에 대응하는 네 가지 블록을 이어 붙이면 원하는 모든 염기서열에 결합할 수 있습니다.[3] 많은 과학자들은 징크핑거 뉴클레이스의 가장 큰 단점을 극복한 탈렌을 진정한 의미의 '설계된 유전자 가위'라고 평가합니다.

1세대, 2세대 유전자 가위 모두 훌륭한 기술이었지만, 새로운 유전자를 연구할 때마다 그에 맞는 유전자 가위를 새로 설계하고 만들어야 한다는 번거로움이 있었습니다. 다시 말하면 책에서 고치고 싶은 단어가 생길 때마다 그에 맞는 가위를 하나하나 설계해야 하는 것과 같습니다. 과학자들은 원하는 단어를 모두 잘라 낼 수 있는 범용 가위를 만들고자 했습니다. 이 가위가 바로 '크리스퍼CRISPR; Clustered Regularly Interspaced Short Palindromic Repeats'입니다.

2012년 미국 버클리 캘리포니아대UC버클리 제니퍼 다우드나Jennifer Doudna 교수는 당시 연구실 동료였던 독일 막스플랑크 연구소의 에마뉘엘 샤르팡티에Emmanuelle Charpentier 감염생물학연구소장과 일부 부품만

43

02
유전자 혁명,
신의 영역에
도전하다

교체하면 어떤 염기서열도 다 잘라 낼 수 있는 범용적인 3세대 유전자 가위인 크리스퍼 유전자 가위(이하 크리스퍼)를 발견했습니다.[4]

📁 세대별 유전자 편집 기술 특징

유전자 가위	1세대 ZFN	2세대 TALEN	3세대 CRISPR/Cas9
유전자 인식	징크핑거 단백질	테일 단백질	gRNA
유전자 절단	Fok1	Fok1	Cas9
유전자 절단 성공률	낮음(0~24%)	매우 높음(0~99%)	높음(0~90%)

© Kim, E. J. & Kim, J. S., *"Genome Editing"*, IBS 유전체교정연구단. vol. 16.

크리스퍼는 어떤 점이 특별한가?

크리스퍼가 특별한 이유는 가위의 작은 부품만 갈아 끼우면 어떤 유전자든 잘라 낼 수 있는 특이한 구조 때문입니다. 크리스퍼의 존재가 처음 알려진 것은 1987년이었습니다. 일본 오사카대 이시노 요시즈미石野良純 박사는 대장균 유전자를 연구하던 중 단백질 분해효소의 유전자 끝부분에 붙어 있는 아주 특이한 염기서열을 발견했습니다. 특정 염기서열이 일정한 간격을 두고 반복돼 있었던 것입니다. 반복되는 염기서열 사이사이에 길이는 같지만 서로 다른 염기서열이 끼워져 있었습니다.[5]

더욱 특이한 점은 반복 염기서열이 '회문구조'라는 것이었습니다. 회

미래를
읽는
최소한의
과학지식

문구조란 앞으로 읽어도 거꾸로 읽어도 같은 문장이라는 뜻입니다. 드라마 〈이상한 변호사 우영우〉의 주인공 우영우는 자신을 소개할 때 "제 이름은 똑바로 읽어도 거꾸로 읽어도 우영우입니다. 기러기 토마토 스위스 인도인 별똥별 우영우"라고 말합니다. 이 대사 속 '우영우', '기러기', '토마토'가 바로 대표적인 회문구조입니다. 하지만 이때만 해도 회문구조가 어떤 역할을 하는지 아무도 몰랐습니다. 그래서 이 구조에 일정한 간격을 두고 반복되는 '짧은 회문구조 서열Clustered Regularly Interspaced Short Palindromic Repeats'이라는 말의 앞자를 따 크리스퍼라는 이름만 붙여 놓았습니다.

2000년대에 들어서야 회문구조에 대한 연구가 본격적으로 시작됐습니다. 스페인 알리칸테대 프란시스코 모히카Francisco Mojica 교수는 크리스퍼가 대장균뿐만 아니라 여러 세균의 유전자에 존재한다는 사실을 발견했습니다.[6] 크리스퍼 근처에는 언제나 '카스cas'라고 불리는 단백질을 암호화하는 유전자가 존재한다는 중요한 사실 또한 밝혀냈습니다.

과학자들은 크리스퍼라는 의문의 회문구조와 카스 단백질이 세균의 생존에 중요한 역할을 한다고 추정했지만, 어떤 기능을 하는지는 알아내지 못했습니다. 이 의문은 의외의 곳에서 풀렸습니다. 덴마크의 유제품 회사인 '다니스코Danisco'에서 말이죠. 다니스코에서는 요구르트의 품질을 높이기 위해 바이러스에 강한 유산균을 연구하고 있었습니다.

제니퍼 다우드나
교수(왼쪽)와
에마뉘엘 샤르팡티에
연구소장(오른쪽)

ⓒ 연합뉴스

　어느 날 유산균을 배양하는 과정에서 유산균들이 바이러스에 감염되는 일이 발생했습니다. 그런데 이상하게도 일부 유산균은 죽지 않고 살아남았고, 이에 의문을 품은 다니스코 연구진은 살아 있는 유산균의 유전자를 연구하기 시작했습니다. 그 결과 반복되는 염기서열 사이에 바이러스의 유전자 일부가 끼워져 있음을 발견했습니다. 유산균은 자신의 몸에 침입했던 바이러스의 유전자를 보관하고 있었던 것입니다. 인간에게 '항체'라는 후천성 면역체계가 있는 것처럼 유산균에게도 후천적으로 얻어지는 면역체계가 있는 것이죠.

　크리스퍼는 유산균의 후천성 면역작용의 원리를 이용합니다. 다우드나 교수와 샤르팡티에 연구소장은 그동안 의문에 싸여 있던 카스 단백질과 바이러스 DNA의 역할, 면역작용의 메커니즘을 상세하게 밝혀냈습니다.

유산균은 먼저 침입한 바이러스의 DNA 중 일부를 복사해, 자신의 회문구조 서열 사이에 끼워 넣습니다. 그러고 난 뒤 바이러스의 DNA에 상보적으로 결합하는 RNA를 만듭니다.[*]

만약 유산균에 같은 바이러스가 다시 침입하면 이 RNA는 바이러스의 DNA에 가서 붙습니다. 이렇게 바이러스로 안내하는 역할을 하는 RNA를 '가이드 RNAguide RNA', 'gRNA'라고 합니다.

이와 동시에 카스 단백질이 만들어집니다. 카스 단백질은 DNA를 자를 수 있는 가위 역할을 합니다. gRNA와 카스 단백질이 만나 하나의 복합체가 됩니다. 바이러스가 침입하면 gRNA가 카스 단백질을 바이러스가 있는 곳으로 안내하고, 카스 단백질은 바이러스의 DNA를 잘라 더 이상 기능을 하지 못하게 만듭니다. 이 시스템을 크리스퍼-카스 시스템이라고 부릅니다.

만약 카스 단백질에 우리가 원하는 유전자를 찾을 수 있는 gRNA를 결합하면 어떻게 될까요? gRNA가 우리의 표적 DNA로 카스 단백질을 안내해

---

[*] DNA는 네 가지 염기, 아데닌(A), 티민(T), 구아닌(G), 시토신(C)이 줄줄이 연결되어 있는 가닥으로 형성되며, 반대편의 다른 사슬과 결합하여 이중나선구조를 형성한다. 이때 두 가닥을 마주 결합하는 원동력은 각 염기의 수소결합이다. A와 T는 2개의 수소결합으로, C와 G는 3개의 수소결합으로 이루어져 항상 A-T 또는 G-C 결합만 일어난다. RNA는 T의 자리에 대신 우라실(U)이 들어가 A-U, G-C 결합만 일어난다. 이렇게 정해진 염기쌍끼리 결합하는 것을 상보적이라고 한다. 때문에 특정 서열의 gRNA 가닥은 그에 대응하는 특정 DNA와만 상보적인 결합을 한다.

02
유전자 혁명,
신의 영역에
도전하다

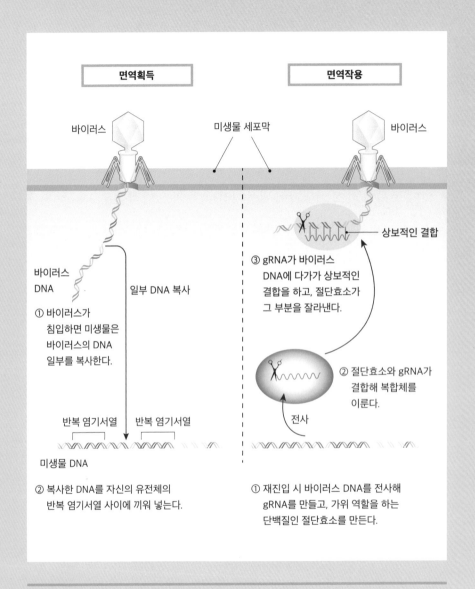

원하는 DNA를 자를 수 있습니다. 하나의 큰 단백질이었던 1세대, 2세대 유전자 가위에 비해 크리스퍼는 gRNA만 제작하면 되기 때문에 매우 간단합니다. 기존에 수개월이 걸리던 제작기간이 단 하루로 줄어들었고, 수천 달러에 달하던 비용도 단돈 30달러(약 3만 3,000원)로 줄었습니다.

크리스퍼 특허권에 대한 분쟁은
어떻게 돼 가고 있나?

크리스퍼는 유전자 교정의 민주화라고 불릴 만큼 큰 혁명을 불러일으켰습니다. 제작 과정이 간단해 전문적인 지식이 없는 과학자까지 크리스퍼를 이용한 연구에 뛰어들었죠. 연구의 폭이 넓어진 만큼 크리스퍼 시장의 규모도 커졌습니다. 2020년 14억 4600만 달러(약 1조 5900억 원)였던 크리스퍼 시장은 2028년 62억 2100만 달러(약 6조 8400억 원)로 4배 이상 커질 것으로 보입니다.

크리스퍼의 경제적 가치가 높아진 만큼, 크리스퍼 특허권에 대한 분쟁도 뜨겁습니다. 2012년 크리스퍼를 실제 세포에 적용하는 데 성공한 두 기관이 거의 동시에 특허를 출원하면서 특허전쟁의 막이 올랐습니다.

다우드나 교수가 소속된 UC버클리 팀과 진핵세포에서 크리스퍼를 작동시킨 펑 장Feng Zhang 교수가 있는 MIT 팀이 서로 대립하고 있습니다. UC버클리의 주장은 "카스 단백질의 존재와 활용 가치를 처음으로 밝혔다"라는 것이고, MIT의 주장은 "원핵세포와 진핵세포의 가장 큰 차이는 핵의 유무인데, 자신들이 처음으로 카스 단백질을 진핵세포의 핵 안으로 이동시키는 데 성공했다"라는 것입니다. 즉, 인간과 같은 포유류에 크리스퍼를 사용하려면 장 교수의 기술이 반드시 필요하기 때문에, 새로운 특허권을 가져야 한다는 주장입니다. 이 권리를 누가 갖느냐에 따라 크리스퍼 기술을 사용할 때 내는 특허료의 향방이 결정됩니다. 각 나라의 특허청이 어떤 결정을 내리느냐에 따라 어마어마한 돈의 주인이 결정되는 것입니다.

특허전쟁의 결과는 어땠을까요? 다우드나 교수가 '상복'은 있었지만 '돈복'은 조금 부족했던 모양입니다. 미국 특허청USPTO은 2022년 3월 MIT와 하버드대가 공동 설립한 브로드연구소의 손을 들어줬습니다. 진핵세포에서의 크리스퍼의 활용 기술이 약물 개발에서는 좀 더 핵심적이라고 판단한 것입니다. 이로써 UC버클리의 특허를 활용해 오던 여러 기업들은 큰 손실을 안게 됐습니다. 실제 다우드나 교수가 창업한 미국의 바이오텍 인텔리아 세라퓨틱스는 패소 소식이 알려지고 주가가 급락하기도 했습니다.

유전자 가위는 앞으로 어떻게 쓰일 수 있나?

유전자 가위는 질병을 치료하는 데 유용합

니다. 영국의 전설적인 밴드 '퀸'의 보컬 프래디 머큐리를 죽음에 이르게 한 '후천성면역결핍증AIDS; Acquired Immune Deficiency Syndrome', 즉 에이즈 역시 크리스퍼로 치료할 수 있습니다.

에이즈는 인간면역결핍 바이러스HIV에 의하여 발생하는 질병으로, HIV는 인간의 몸 안에서 면역 기능을 파괴합니다. HIV는 우리 몸의 면역을 담당하는 백혈구 세포막에 존재하는 'CCR5'라는 단백질 수용체를 통하여 침입합니다. HIV가 드나드는 문인 셈입니다. 과학자들은 CCR5 유전자의 기능을 막기 위한 연구를 진행해 왔습니다.

크리스퍼를 이용하면 CCR5 유전자의 일부를 잘라 HIV가 CCR5에 결합하지 못하게 만들 수 있습니다. 체내에서 꺼낸 백혈구의 CCR5 유전자를 잘라 낸 뒤 다시 몸속에 주입하는 방식으로 에이즈를 치료할 수 있습니다.

유전자 가위라고 해서 항상 유전자를 자르기만 하는 것은 아닙니다. 과학자들은 유전자 가위에서 표적 DNA를 찾는 재주만 남기고, 자르는 기능 대신에 다른 기능을 추가할 방법을 연구했습니다. 책을 볼 때 여러 번 읽고 싶은 구절이 있을 때 어떻게 하나요? 작은 스티커를 붙여 쉽게 열어볼 수 있도록 합니다. 반대로 보고 싶지 않은 부분에 스티커를 붙여 안 보이게 할 수도 있습니다. 유전자에도 이런 스티커 역할을 하는 단백질이 있습니다. 바로 활성인자activator와 억제인자repressor입니다. 이름처

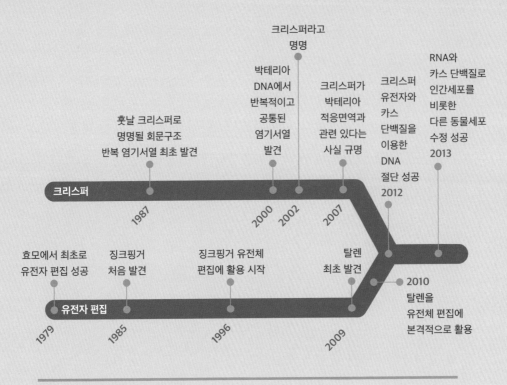

크리스퍼라고
명명

박테리아
DNA에서
반복적이고
공통된
염기서열
발견

크리스퍼가
박테리아
적응면역과
관련 있다는
사실 규명

크리스퍼
유전자와
카스
단백질을
이용한
DNA
절단 성공
2012

RNA와
카스 단백질로
인간세포를
비롯한
다른 동물세포
수정 성공
2013

훗날 크리스퍼로
명명될 회문구조
반복 염기서열 최초 발견

크리스퍼

1987 2000 2002 2007

효모에서 최초로
유전자 편집 성공

징크핑거
처음 발견

징크핑거 유전체
편집에 활용 시작

탈렌
최초 발견

유전자 편집

1979 1985 1996 2009

2010
탈렌을
유전체 편집에
본격적으로 활용

📷 세대별 유전자 편집 기술 특징

럼 활성인자는 유전자의 발현을 활성화시키고, 억제인자는 억제시키는
단백질입니다.

카스 단백질에서 자르는 기능을 없애고, 활성인자나 억제인자를 붙이
면 유전자를 자르지 않고도 원하는 유전자의 발현을 조절할 수 있습니

다. DNA를 변화시키지 않고 유전자 발현만 조절할 수 있기 때문에 가역적이라는 장점도 있습니다. DNA를 영구적으로 자르는 것이 아니라, 유전자 발현만 일시적으로 조절하고 싶을 때 유용하게 사용할 수 있는 방법입니다.

최근에는 좀 더 정교한 유전자 가위가 개발됐습니다. 유전자를 자르는 대신에 DNA 염기 중 한 글자만 바꾸는 크리스퍼 염기교정 유전자 가위입니다. 2016년 미국 하버드대 데이비드 리우David Liu 교수는 염기 중 시토신C을 우라실U로 바꾸는 단백질을 이용하여 하나의 염기만 바꿀 수 있는 유전자 가위를 개발했습니다.[7] RNA를 구성하는 염기인 우라실은 세포가 DNA를 복구하는 과정에서 티민T으로 바뀝니다. 한국기초과학연구원IBS의 김진수 전 유전체교정연구단장은 2017년 크리스퍼 염기교정 유전자 가위를 이용하여 생쥐의 털색을 까만색에서 하얀색으로 바꾸는 데 성공했습니다.[8]

크리스퍼 유전자 가위의 응용은 아직도 개척할 여지가 많습니다. 지금도 크리스퍼에 대한 연구결과가 계속 나오고 있습니다. 이미 생물학을 넘어 과학 전체의 발전을 끌어올리는 원동력이 됐고, 사회적으로도 활발한 논의를 불러일으키고 있습니다.

가능성의
이야기들

정상과 비정상에서 벗어나다

● **최지원** 한국경제신문 기자

고대 그리스 시대부터 과학은 사회를 이루는 데 큰 역할을 하는 학문이었습니다. 현대사회를 지배하는 정치 질서인 민주주의가 시작된 그리스에서 과학이 꽃을 피운 것도 우연이 아닙니다. 당시 그리스 사람들에게 가장 큰 두려움은 천둥이나 번개, 비와 눈 같은 자연현상이었습니다.

'도대체 하늘에서 번쩍이는 저것의 정체는 무엇인가.'

이런 자연현상을 일목요연하게 설명할 수 있는 과학은 사람들의 민심을 얻어야 했던 그리스의 정치인들에게 중요한 정치적 수단이었습니다. 이로써 우리는 자연현상을 이성적으로 바라볼 수 있게 됐지만, 이것이 마냥 좋은 일만은 아니었습니다. 태초부터 과학은 수단으로써 인식돼 왔기 때문이죠.

　수렵과 채집으로 먹고 살아가던 우리의 조상은 더 발전된 농기구와 여러 가지 농업 기술을 깨우쳐 비로소 농경사회를 맞았습니다. 인류가 굶주림을 탈출하자 의衣와 주住에 관심을 기울이기 시작했습니다. 이들의 관심은 자연스레 '어떻게 하면 이것들을 빠르고 쉽게 만들 수 있을까'에 집중됐죠. 이런 배경에서 탄생한 것이 바로 증기기관입니다. 와트의 증기기관은 모직물의 대량생산을 불러왔고, 이는 본격적인 자본주의 경제를 불러왔습니다.

　역사 속에서 사회를 변화시킨 굵직한 사건에는 언제나 과학이 있었습니다. 사실 과학은 사회의 모습을 바꿀 수 있는 강력한 원동력임에도, 우리의 머릿속에는 언제나 수단으로써만 존재해 왔습니다. 과학을 사회를 변혁시킬 수 있는 존재가 아니라 수단으로써만 바라보면, 과학기술은 부작용이 꽤 큰 학문이 돼 버립니다. 수단의 목적에는 반드시 자본의 논리가 끼어들기 때문입니다.

　최근 활발히 연구가 진행되고 있는 유전자 가위 '크리스퍼'만 보더라도 그렇습니다. 현재 크리스퍼는 다양한 유전성 희귀질환 치료제 개발에 사용되고 있습니다. '꿈의 항암제'라고 불리는 '키메라 항원 수용체 T 세포CAR-T'와 같이 새로운 바이오 신약을 개발하는 데에도 핵심적인 역할을 하고 있죠.

　하지만 그 이면에는 아직 매듭짓지 못한 윤리적인 문제도 남아 있습니다. 이 기술이 배아의 유전자까지 편집하게 된다면, 생명의 존엄성을 침해하는 문제가 발생합니다. 물론 현재 모든 국가는 임상적으로 배아의 유전자를 편집하는 행위를 엄격하게 금지하고 있습니다. 싱가포르, 영국, 일본, 중국 등에서는 제한된 연구 목적하에 배아 유전자 편집을 허용하고 있습니다.

이런 영향력 있는 기술이 단순히 돈을 벌기 위한 '수단'으로 존재하게 된다면 어떨까요? 최악의 경우 유전자를 편집하고 선택해 우수한 형질만을 가진 아이가 탄생할 수도 있습니다. 외모, 지능, 재능마저 돈에 의해 정해지는 사회가 만들어질 수 있겠죠. 영화 〈가타카GATTACA〉는 이런 디스토피아적 미래를 그대로 담고 있습니다.

반대로 이 기술이 하나의 '목적'으로만 존재한다면 어떤 사회가 될까요? 최근 중국에서 아주 흥미로운 연구결과가 나왔습니다. 크리스퍼를 이용해 암컷 쥐 두 마리의 생식세포를 결합해 건강한 새끼를 얻은 것입니다. 엄마 둘의 형질을 반반 가지고 태어난, 생물학적으로 엄마가 둘인 쥐입니다.[1]

이렇게 수컷 없이 암컷 홀로 새끼를 낳는 생식 형태를 '단성생식parthenogenesis'이라고 합니다. 일부 파충류와 어류, 상어와 같은 몇몇 척추동물은 난자가 스스로 세포분열(난할)을 하는 단성생식을 하지만, 포유류에서 이런 생식을 하는 종은 아직까지 발견되지 않았습니다. 인간 역시 난자와 정자가 만나 수정을 해야 난할이 시작되는 유성생식을 합니다. 연구팀은 지금까지 불가능하다고 여겨졌던 포유류의 단성생식을 성공시킨 것입니다.

포유류가 단성생식을 할 수 없는 이유는 바로 '유전자 각인genomic imprinting'때문입니다. 사람의 유전자에는 아빠 혹은 엄마의 유전자 중 한 유전자만 발현될 수 있도록 일종의 표식이 붙은 유전자들이 있습니다. 이 유전자가 바로 각인 유전자입니다. 포유류는 모두 이 각인 유전자를 가지고 있습니다.

이번 연구를 진행한 중국과학원CAS; Chinese Academy of Science의 연구진은 크리스퍼를 이용해 두 암컷 쥐의 각인 유전자를 잘랐습니다. 그러고 난 뒤 두 쥐의 유전자가 절반씩 들어 있는 줄기세포를 대리모 쥐의 난자에 주입했습니다. 이렇게 태어난 새끼 쥐는 자손을 낳는 데에도 문제가 없었습니다. 크리스퍼가 포유류에게 새로운 생식 방법을 선물한 것입니다.

지금까지 보편적인 가족의 구성원은 여성, 남성 그리고 아이였습니다. 하지만 크리스퍼는 다양한 형태의 생물학적 가족을 이룰 수 있는 가능성을 열어 줬습니다. 크리스퍼를 수단이 아닌 학문 그 자체로 바라본다면, 크리스퍼는 정상과 비정상으로 나뉘어 서로를 인정하지 않으려는 우리 사회에 다양성을 제공할 수 있을 것입니다. 크리스퍼뿐만이 아닙니다. 블록체인, 인공지능 등. 이 책에 담긴 모든 과학 연구를 그 자체로 바라보고 해석한다면 우리 사회는 지금과는 다른 모습일 것입니다.

02
합성생물학

인간이 설계한
생물이 탄생하다

박홍재 체코국립과학원

"하나님이 행하신 일을 보라.
하나님이 굽게 하신 것을 누가 능히 곧
게 하겠느냐."

- 전도서 7장 13절

　　　　　성경에 따르면 인간을 빚어 만들어 낸 것은
신이요, 인간은 이를 침범할 수 없는 존재였습니다. 하지만 약 20년 전 이
에 반기를 든 영화가 개봉됐습니다. 바로 〈가타카GATTACA〉입니다. 제목부
터 인간의 유전자를 이루는 네 개의 염기 G, A, T, C를 나타내는 알파벳으
로 조합하여 만든 이 영화는 유전자라는 신의 영역에 도전한 최초의 영화
입니다.

〈가타카〉의 배경은 가까운 미래로 부모가 아이의 유전자를 고를 수 있습니다. 예를 들어 '갈색 눈에 검은 머리', '매끈한 피부' 유전자는 골라 담고 '탈모', '비만', '우울증' 유전자는 빼 버릴 수 있는 것입니다. 하지만 주인공은 자연 임신으로 태어난 아이로, 생존에 유리한 유전자와 그렇지 않은 유전자를 모두 가지고 있어 태어나는 순간부터 항상 지는 삶을 살게 됩니다.

유전자를 골라담는 일이 정말 가능할까요? 물론 인간에게 이런 일이 일어나기는 매우 어렵습니다. 생명공학 기술이 아무리 발달했다고는 해도, 우리는 2만 개에 이르는 인간의 유전자 중 일부의 기능만 알고 있을 뿐이니까요.

하지만 2016년 4월, 세계적인 학술지 《사이언스》에 미생물의 세계에서는 〈가타카〉가 아주 불가능한 이야기는 아님을 증명하는 연구가 발표됐습니다. 시험관에서 화학적으로 '합성'한 미생물의 유전체Genome, 게놈를 세포 안에 도입한 최초의 인공 생명체가 탄생한 것입니다.

최초의 인공 생명체는 어떻게 만들어졌는가?

인공 생명체를 만들기 위한 과학자들의 노력은 역사가 꽤 오래됐습니다. DNA 염기서열을 분석하는 기술이 1970년대에 등장하면서 인공 생명체의 길이 열리는 듯했지만, 과학자들은 이내

02
유전자 혁명,
신의 영역에
도전하다

크레이그 벤터 박사

© JCVI

좌절했습니다. 가장 간단한 유전체를 가진 미생물조차 유전체의 염기서열이 A4 용지 3,000장에 이를 만큼 방대했기 때문입니다. A, T, C, G로 빼곡히 채워진 3,000장의 정보를 해독하기란 불가능해 보였습니다.

이를 가능하게 한 것은 미국의 생물학자 크레이그 벤터Craig Venter 박사였습니다. 벤터 박사는 미국 정부가 주도했던 인간게놈프로젝트와 경쟁해 거의 비슷한 시기에 인간게놈지도를 완성한 천재 과학자입니다. 그는 2007년 자신의 게놈 정보를 대중에 공개하는 등 기행을 벌여 생명과학계의 괴짜, 이단아로 불리기로 했습니다.

인간게놈지도를 완성한 후에 벤터 박사는 이전에는 상상조차 하지 못했던 새로운 연구를 기획합니다. 바로 미생물의 게놈을 통째로 시험관 내에서 합성하는 것입니다. 인간게놈프로젝트가 암호화된 정보를 단순히 읽어 내는 연구였다면 이 연구는 방대한 게놈 정보를 직접 써야 하기 때문에 매우 어려운 연구였습니다. 하지만 인간에 비해 미생물의 게놈은 약 1,000분의 1 수준으로 상대적으로 크기가 작아 벤터 박사는 충분히 도전할 만하다고 생각했습니다.

벤터 박사는 연구에 적합한 미생물을 찾아나섰습니다. 그 결과 유전자의 수가 일반적인 박테리아의 3분의 1 정도고, 성장 속도가 빠른 박테리아 '마이코플라스마 마이코이데스*Mycoplasma mycoides*(이하 마이코이데스)'를 연구대상으로 선택했습니다.

천재 과학자인 벤터 박사조차 인공 생명체를 한 번에 만들지는 못했습니다. 인공 생명체를 합성하려면 두 개의 큰 산을 넘어야 했기 때문입니다. 하나는 여러 개의 유전자 조각을 DNA 하나로 연결하는 것이고, 다른 하나는 완성된 인공 DNA를 다른 세포에 이식하는 것이었습니다. 그는 수년간 연구와 실험을 통해 인공 생명체에 단계적으로 다가갔습니다.

벤터 박사는 DNA를 하나로 잇는 것부터 도전했습니다. 그는 한 조각당 1,080개의 염기쌍으로 이뤄진 DNA 조각 1,078개를 화학적으로 합성한 뒤, 실험실의 비커가 아닌 효모에 넣었습니다. 효모에는 DNA 조각들을 연구팀이 원하는 순서대로 하나로 이어줄 수 있는 생체 시스템이 있었기 때문입니다.

벤터 박사팀은 2010년 효모를 이용하여 인공적으로 합성한 마이코이데스의 DNA(합성 게놈 사이즈: 1,078,809염기쌍)를 다른 종의 박테리아 '마이코플라스마 카프리콜룸*Mycoplasma capricolum*(이하 카프리콜룸)'의 세포에 이식했습니다. 카프리콜룸의 몸에 마이코이데스의 영혼을 넣은 셈입니다. 그러자 놀랍게도 카프리콜룸의 세포 특성은 모두 사라지고 마이코이데스의 특성이 나타났습니다. 세포 내 설계도(DNA)를 바꿨더니 '종변환'이 일어난 것입니다.

연구팀은 인공 DNA를 자연계의 마이코이데스 DNA와 구분하기 위해 인공 유전체에 몇 가지 정보를 인위적으로 추가했습니다. 연구에 참여한 연구원 45명의 이름과 이메일 주소를 암호화해 인공 유전체의 중간중간에 끼워 넣은 것입니다. 마치 워터마크처럼 말이죠. 그리고 여기에 '*Mycoplasma mycoides* JCVI-syn1.0(이하 JCVI-syn1.0)'이라는 이름을 붙였습니다. 이것이 시험관에서 합성된 인공 DNA로 작동하는 첫 인공 생명체입니다.[1]

연구팀은 여기서 그치지 않고 추가 연구를 통하여 JCVI-syn1.0에 존재하는 유전자 901개 중 불필요한 유전자를 제거해 생존에 필요한 필수 유전자 473개를 추렸습니다. 그리고 필수 유전자로만 구성된 인공 생명체 'JCVI-syn3.0'을 만들었습니다.[2] 인간이 원하는 유전자만으로 이뤄진 최초의 생명체가 탄생한 것입니다.

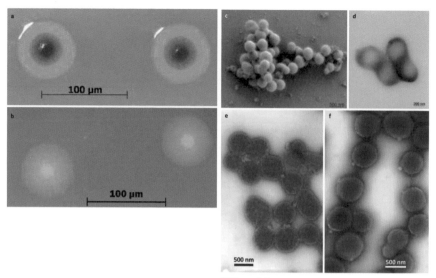

JCVI-syn1.0

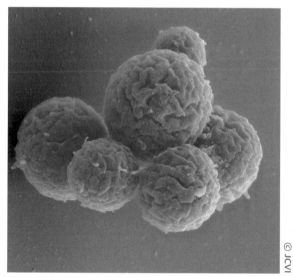

📷 인공 생명체
JCVI-syn1.0,
JCVI-syn3.0

크레이그 벤터 박사가 만든 인공 생명체 'JCVI-syn1.0'과 'JCVI-syn3.0'의 모습. 기존 세포와 구별하기 위해 JCVI-syn1.0에는 푸른색을 내는 유전자를 넣었다. 실험실 밖에서 합성된 인공 DNA는 자연계의 DNA와 동일하게 작동했다.

JCVI-syn3.0

02
유전자 혁명,
신의 영역에
도전하다

인공 생명체를 꼭 만들어야 하나?

많은 이들은 인공 생명체를 위험하거나 무섭다고 생각합니다. 〈가타카〉와 같은 여러 SF 영화 역시 인공 생명체를 위험한 존재로 묘사하고 있죠. 하지만 인공 생명체는 생각보다 꽤 쓸모가 있습니다.

누구나 하나쯤은 가지고 있는 청바지. 청바지를 염색하려면 '인디고'라는 염색 원료가 필요합니다. 인디고는 메밀과科에 속하는 식물인 쪽 *Persicaria tinctoria*에서 채취할 수 있는데, 채취할 수 있는 양이 극히 적어 대부분 공장에서 화학적으로 합성합니다. 문제는 인디고를 화학적으로 합성하는 과정에서 포름알데히드와 같이 인체에 유해한 화학물질을 사용한다는 점입니다. 이런 방법으로 2011년 기준 매년 5만 톤 이상이 만들어지고 있습니다. 화학적으로 합성된 인디고는 물에 잘 녹지 않아 염색하려면 강력한 환원제를 써야 합니다. 환원제는 빠른 시간 내에 철을 부식시키는 특성이 있어, 염색공장의 기기를 부식시킨다는 단점이 있습니다.

미국 버클리 캘리포니아대 존 듀버John Dueber 교수 연구팀은 2018년 대장균을 이용해 이 문제를 해결했습니다.[3] 연구팀은 자연에 존재하는 식물인 쪽의 DNA 중 인디고를 합성하는 데 관여하는 유전자를 합성해 대장균 DNA에 끼워 넣었습니다. 이렇게 만들어진 대장균은 식물보다 빠르게, 유해물질 없이 안전한 방법으로 많은 양의 인디고를 만들어 냈습니

📷 인디고로 염색한 청바지

청바지를 염색하는 데 쓰이는 염색 원료 '인디고'를 화학적으로 합성하려면 포름알데히드와 같은 유해한 화학물질이 필요하다. 존 듀버 교수는 합성생물학을 이용해 인디고를 만들어 내는 대장균을 만들어 냈다.

다. 듀버 교수의 이 기술을 이용해 실제 옷감을 염색하는 과정을 촬영한 영상을 공개하기도 했습니다.

청바지보다 합성생물학이 더 절실한 분야도 있습니다. 바로 의학입니다. 생명공학 기술이 많이 발전한 요즘, 대부분의 약물은 실험실에서 화학적으로 합성할 수 있습니다. 하지만 간혹 구조가 너무 복잡해 식물에서 채취할 수밖에 없는 약도 있습니다. 대표적인 예가 말라리아 치료제인 '아르테미시닌Artemisinin'입니다.

말라리아는 우리와는 동떨어진 질병처럼 보이지만, 아프리카에서는 1년

○ 말라리아 치료제인 아르테미시닌을
만드는 개똥쑥

말라리아 치료제인 아르테미시닌은 개똥
쑥이라는 식물에서만 추출할 수 있다. 제이
키슬링 교수는 개똥쑥의 유전자를 분석한
뒤, 아르테미시닌을 만드는 데 관여하는 유
전자를 효모에 넣어 아르테미시닌을 생산
하는 효모를 만들었다.

ⓒ Shutterstock

에 수백만 명을 죽음으로 몰아넣는 위험한 전염병입니다. 아프리카의 많

은 아이들은 지금 이 순간에도 말라리아로 고통받고 있습니다. 말라리아

를 치료하는 아르테미시닌은 개똥쑥Artemisia annua이라는 식물에서만 추출

할 수 있는 화학물질입니다. 문제는 이 식물이 자라는 데 8개월이나 걸리

는데다 수확량 또한 일정하지 않아 아르테미시닌 공급량이 들쭉날쭉하다

는 점입니다.

　미국 버클리 캘리포니아대 제이 키슬링Jay Keasling 교수는 개똥쑥의 게놈

을 분석한 뒤, 아르테미시닌의 전구체를 만드는 데 관여하는 유전자 3개를

찾아냈습니다. 연구팀은 마치 부품을 조립하듯 이 유전자를 효모의 유전

자에 잘 맞게 끼워 넣었습니다. 그 결과 아르테미시닌을 빠르게 만드는 새

로운 효모를 창조해 냈습니다. 말라리아로 고통받는 이들에게 아르테미시

닌을 훨씬 저렴하고 안정적으로 제공할 수 있게 된 것입니다.

최근에는 헬스케어 분야에서도 합성생물학이 매우 촉망받고 있습니다. 2017년 2월, 미국 매사추세츠공대 자오 쏸허Zhao Xuanhe 교수팀은 '웨어러블 박테리아'를 개발했습니다.[4] '활성문신'이라고 불리는 작은 패치를 손목에 붙이면 위험한 화학물질에 노출됐을 때 형광빛이 나며 신호를 보냅니다. 패치 위에서 형광빛을 내는 물질이 합성생물학으로 새롭게 탄생한 박테리아입니다. 이 박테리아의 유전자에는 특정 화학물질을 감지하는 유전자와 형광빛을 내는 유전자가 조화롭게 연결돼 있습니다.

이런 활성문신은 다양하게 응용할 수 있습니다. 예를 들어, 요즘 문제

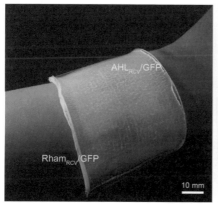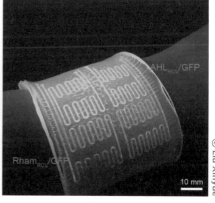

© Liu Xinyue

📷 활성문신

손목에 붙일 수 있는 작은 패치 형태의 활성문신에는 위험한 화학물질에 노출되면 빛을 내는 박테리아가 있다. 특정 물질에 노출되자 박테리아가 빛을 내는 것을 확인했다.

가 되고 있는 방사성 물질인 '라돈'을 감지한다든가, 사용자의 체온이나 피부 상태의 변화를 알려 주는 등 건강과 관련된 다양한 기능에 적용할 수 있습니다.

최근 몇 년 동안 미국 실리콘밸리를 중심으로 합성생물학 스타트업 기업들이 빠르게 늘어나고 있습니다. 식품 감미료나 향수 원료부터 신약, 바이오연료 등 개발 제품의 범위도 매우 다양합니다. 이처럼 합성생물학은 연구결과가 실험실 수준에 머무르지 않고 실제로 사용할 수 있는 제품으로 개발되고 있습니다.

합성생물학은 어디서 배울 수 있을까?

합성생물학의 가장 큰 장점 중 하나는 설계도만 있으면 누구나 새로운 생명체를 설계하고 만들 수 있다는 점입니다. 실제로 전문적인 교육을 받은 연구자가 아닌 대학생, 심지어 고등학생도 새로운 미생물 시스템을 만들고 있습니다. 미국 MIT에서 개최하는 합성생물학 경진대회 '아이젬iGEM; international Genetically Engineered Machine Competiton'에서 말입니다.

아이젬은 MIT가 합성생물학 연구의 유용성을 알리고 활성화시키기 위해 2003년 처음 만든 대회입니다. 전 세계 고등학생이나 대학생이라면 누구나 참가할 수 있습니다. 이 대회에 참가하는 팀은 주최 측에서 제공

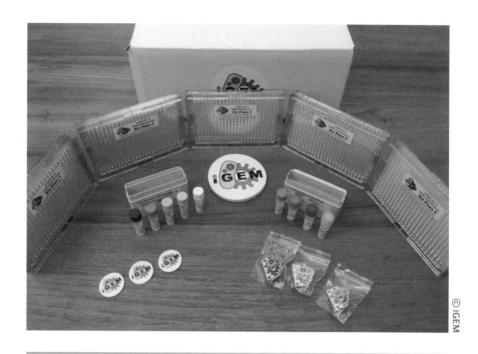

📷 바이오브릭

아이젬 대회 참가자들에게 발송되는 바이오브릭. 바이오브릭 키트 안에는 5,000개 이상의 DNA 부품이 들어 있다.

하는 DNA 표준 부품인 바이오브릭을 이용해 이 세상에 없는 새로운 생명체를 만들어 냅니다. 안전성, 참신함 등의 평가기준에 따라 수상자가 결정되죠. 2004년 5팀에 불과했던 참가팀은 2018년 무려 318팀으로 60배가 늘 정도로 매년 인기를 더해 가고 있습니다.

아이젬에 출품된 작품을 보면 기상천외한 아이디어로 넘쳐납니다. 바나나 향이 나는 대장균 향수, 포도주 성분이 들어가 있어 몸에 좋은 맥주,

몸 안의 특정 성분에 반응해 장의 상태에 따라 변 색깔이 바뀌는 유산균 캡슐도 있습니다.

우리나라에서도 매년 아이젬 대회에 많은 학생이 참여하고 있습니다. 필자가 고려대 계산및합성생물학 연구실에 있을 때 함께 연구한 청심국제 고등학교 학생들은 2014년 토양의 사막화를 막을 수 있는 바이오시멘트를 만드는 미생물 아이디어를 발표해 아시아 최초로 대상을 받았습니다.

이처럼 표준화된 DNA 부품을 이용하면 전문적인 지식이 부족해도 누구나 새로운 미생물을 만들 수 있습니다. DNA 부품에 관한 정보 역시 인터넷에 모두 공개돼 있습니다. MIT 바이오브릭재단BioBricks Foundation 홈페이지(https://biobricks.org)에는 2만 개 이상의 바이오브릭이 등록돼 있으며, 누구나 열람할 수 있습니다.

합성생물학이 생태계에 위험하진 않을까?

합성생물학은 무궁무진하게 응용할 수 있는 만큼, 위험성도 높습니다. 2010년 벤터 박사팀이 논문을 발표했을 당시 미국 버락 오바마 대통령은 곧바로 생명윤리위원회를 소집했습니다. 합성생물학의 위험에 대한 보고서를 요청하기 위해서였습니다.

그해 12월에 나온 〈새로운 방향 : 합성생물학과 신생 기술의 윤리〉라는 제목의 보고서에서는 생물안전성과 생물안보, 두 가지 측면의 위험성에 대해 제시했습니다. 생물안전성은 위험물질이 외부에 노출됐을 때 생태계에 미치는 위험성이고, 생물안보는 바이오테러에 관한 위험을 의미합니다. 나쁜 의도를 가진 누군가가 치명적인 바이러스 유전자를 합성한다든가, 유전자의 일부를 바꿔 훨씬 더 강력한 병원체를 만들어 낼 수 있기 때문입니다.

아직까지는 박테리아와 같은 미생물 수준밖에 다루지 못하지만, 연구가 발전해 고등 생명체까지 다룰 수 있게 된다면 연구자의 의도에 따라 합성생물학은 인간에게 위협이 될 수도 있습니다. 각 나라는 이를 방지하기 위한 제도를 마련하고 있습니다. 미국과 유럽에서는 유전자재조합식품GMO; Genetically Modified Organism에 적용되는 위험성 평가기준을 합성생물학에도 동일하게 적용하고, 합성생물학이 적용된 DNA 및 생물체를 소유하고 이용하거나 전달하는 과정 모두를 엄격하게 관리하고 있습니다. 우리나라에서도 관련된 법과 제도가 활발하게 검토되고 있습니다.

제도뿐 아니라 연구자들의 윤리의식도 필요합니다. 합성생물학을 공부하기 전 생명체에 대한 책임감과 안전과 관련된 교육을 필수적으로 받게 하는 등 안전장치가 필요합니다. 또한 합성생물학이 가진 잠재적 위험성을 막기 위한 사회적 논의도 필요합니다. 안전성만 보장된다면 합성생물학은 인간에게 매우 유용하고 이로운 학문이 될 것입니다.

나의 경험도
유전된다

서호규 미국 클리브랜드 클리닉 박사후연구원

"잠깐, 이건 내 사진인데?"

어느 날 페이스북 메시지를 받은 한 소녀는 매우 놀랐습니다. 메시지를 보낸 사람의 얼굴이 자신과 똑같았기 때문입니다. 같은 얼굴을 한 두 소녀는 어릴 적 미국과 프랑스로 입양된 한국인 일란성 쌍둥이였습니다. 2016년 개봉한 다큐멘터리 〈트윈스터즈 Twinsters〉의 내용입니다.

다큐멘터리의 주인공 사만다 푸터먼은 아들만 둘인 미국의 한 가정에 입양됐고, 또 다른 주인공 아나이스 보르디에는 프랑스의 가정에 외동딸로 입양됐습니다. 둘은 25년이라는 긴 시간 동안 떨어져 살았지만 놀라울 정도로 닮아 있었습니다. 같은 색의 매니큐어, 비슷한 취향의 옷, 익힌 당근을 싫어하고 살라미 소시지를 좋아하는 식성까지 똑 닮아 있었습니다.

처음에는 구별이 되지 않을 정도로 닮았다고 느끼지만, 다큐멘터리를 계속 보다 보면 조금 다른 모습을 찾을 수 있습니다. 시끌벅적한 가정에서 자란 사만다는 밝고 명랑하며 감정기복이 적은 편입니다. 하지만 어린 시절 인종이 다르다는 이유로 다른 아이들에게 놀림을 당했던 아나이스는 비교적 내성적이고 감정기복이 큰 편입니다. 어린 시절의 경험이 두 사람의 성격을 다르게 결정해 버린 것이죠.

유전자가 동일한 일란성 쌍둥이는 모든 것이 같을 것 같지만, 환경이나 경험에 따라 조금씩 달라집니다. 'DNA 사용법'이 다르기 때문입니다. 과학자들은 이 사용법을 '후성유전학'이라고 부릅니다.

DNA 사용법이란 무엇인가?

'DNA 사용법'을 좀 더 학술적인 용어로 바꾸면 'DNA의 변화 없이 유전자 발현을 조절하는 방법'입니다. 어떻게 유전자의 발현을 조절할 수 있을까요?

학교 과학 시간에 '4세포기', '8세포기'라는 단어를 배운 적 있을 것입니다. 정자와 난자가 만나 수정란이 되면, 수정란은 2개로 나누어지고, 나누어진 세포는 또다시 2개로 나누어집니다. 이 과정을 반복하며 하나의 수정란이 수조 개의 세포로 나누어지죠. 이 과정을 '난할'이라고 합니다. 이 세포들은 시간이 지나면 뇌세포, 신경세포, 피부세포 등 각자 다른 일을 하는 세포로 분화합니다. 지금은 우리 몸에서 각자 다른 역할을 하는 세포지만, 그 기원은 하나의 수정란이죠.

1940년대 영국의 생물학자 콘래드 와딩턴Conrad Waddington 박사는 이 사실에 주목했습니다. 동일한 수정란에서 출발했기 때문에 우리 몸속 모든 세포의 DNA는 동일합니다. 하지만 어떤 세포는 뇌세포, 어떤 세포는 피부세포로 분화합니다. 와딩턴 박사는 DNA 외에 또 다른 요인이 세포분화에 관여한다는 결론을 내렸습니다. 그리고 '~외에'라는 뜻의 라틴어 접두사인 '에피epi'를 붙여 후성유전학epigenetics이라는 이름을 붙였습니다.

그로부터 35년 뒤, 미국 스탠퍼드대 로저 콘버그Roger Kornberg 교수는 DNA가 세포핵 안에서 둥둥 떠다니는 것이 아니라 히스톤이라는 단백질에 잘 감겨 있다는 사실을 발견했습니다. 마치 실타래(히스톤)에 잘 감겨 있는 실(DNA)처럼 말이죠. 그는 DNA와 히스톤의 결합체를 '뉴클레오솜nucleosome'이라고 불렀습니다.

DNA는 DNA를 복제replication하고 복사하는 과정(전사)과 DNA 코드를 풀어내는 번역translation 과정을 거쳐 특정 기능을 하는 단백질로 발현됩니다.* 콘버그 교수는 뉴클레오솜이 전사 과정을 막는다는 사실을 알아냈습니다. 그는 이 발견으로 2006년 노벨 화학상을 수상했습니다. 하지만 그조차 뉴클레오솜이 가진 엄청난 비밀을 알아차리지는 못했습니다.

미래를
읽는
최소한의
과학지식

이 비밀을 처음 알아챈 사람은 미국 록펠러대 데이비드 앨리스David Allis 교수입니다. 앨리스 교수는 1996년 비교적 단순한 구조의 원핵생물인 테트라히메나*Tetrahymena*를 연구하던 중, 뉴클레오솜에 일종의 표식이 붙으면 DNA의 전사가 활발해진다는 사실을 알아냈습니다.[1] 전사를 활발하게 만든 표식은 탄소 2개와 수소 3개, 산소 1개로 이뤄진 아세틸기(CH_3CO-)였습니다.

평소의 DNA는 히스톤에 꽁꽁 감겨 있어서 DNA를 복사하려면 일단 DNA가 느슨하게 풀려야 합니다. 논문에 따르면 아세틸기가 히스톤에 붙으면 DNA가 풀리면서 전사가 활발해집니다.

앨리스 교수가 밝혀낸 것은 크게 두 가지입니다. 하나는 테트라히메나 세포 속의 아세틸기 전달효소가 히스톤에 아세틸기를 붙인다는 사실입니다. 히스톤에 붙은 아세틸기가 어떤 역할을 하는지 알 수 없었기 때문에 이 사실 자체만으로는 큰 의미가 없습니다. 하지만 앨리스 교수의 두 번째 발

---

* 우리 몸에서 중요한 기능을 하는 것은 대부분 단백질로, 어떤 단백질을 가지고 있느냐에 따라 어떤 몸을 가지게 되는지가 정해진다고 해도 과언이 아니다. 어떤 단백질을 가질지를 정해 주는 것이 바로 DNA다. DNA가 단백질이 되는 과정을 아주 작은 분자의 관점에서 바라본 이론이 '중심이론(central dogma)'이다. DNA는 몸 전체의 정보를 가지고 있는 일종의 암호문이기 때문에 원본은 그대로 둔 채 필요한 부분만 '복사'를 한다. 단, 복사본은 DNA가 아니라 유사한 구조의 RNA다. DNA는 핵 안에 존재하지만 단백질은 핵 밖에서 만들어지기 때문에, 핵 밖으로 나갈 수 있는 DNA의 핵심 정보만 추린 RNA를 이용하는 것이다. 이 과정을 전사라고 한다. 이후 핵 밖에서 여러 단백질의 도움을 받아 RNA에 코딩된 단백질을 만드는 과정을 번역이라고 한다.

02
유전자 혁명,
신의 영역에
도전하다

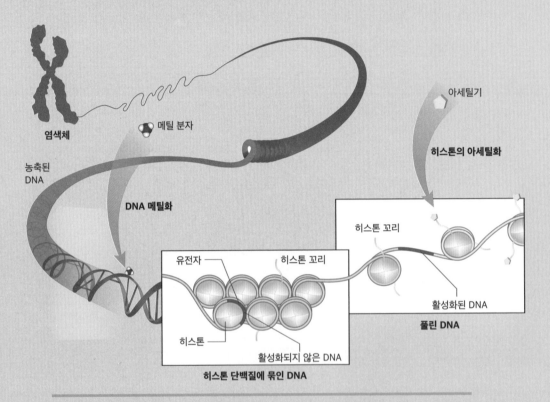

염색체

메틸 분자

농축된
DNA

DNA 메틸화

아세틸기

히스톤의 아세틸화

히스톤 꼬리

활성화된 DNA

풀린 DNA

유전자

히스톤 꼬리

히스톤

활성화되지 않은 DNA

히스톤 단백질에 묶인 DNA

📷 DNA의 메틸화와 히스톤의 아세틸화

DNA가 히스톤 단백질에 묶여 있으면 DNA가 전사될 수 없다. 몸에서 필요한 단백질이 생기게 되면 히스톤
단백질에 아세틸기가 붙는다. 묶여 있던 DNA는 풀어지고, 그 부분은 전사와 번역 단계를 거쳐 단백질을 만
들어 낸다. 만약 아세틸기 대신에 메틸기가 붙어 버리면, DNA는 히스톤 단백질에 더욱 꽁꽁 묶여 버리고,
그 부분은 전사가 되지 않는다.

견은 생물학계를 한순간에 뒤집어 놓았습니다.

효모에는 'Gcn5'라는 효소가 있습니다. 메커니즘은 밝혀지지 않았지만 Gcn5는 DNA의 전사를 촉진한다고 알려져 있었습니다. 테트라히메나의 아세틸기 전달효소를 연구하던 앨리스 교수는 이 효소와 Gcn5의 구조가 매우 유사하다는 것을 발견했습니다. 앨리스 교수는 '혹시 Gcn5도 히스톤에 아세틸기를 전달하는 능력이 있지 않을까?'라는 의문을 가졌습니다. 실험 결과 그의 의문은 사실로 밝혀졌습니다. Gcn5가 히스톤에 아세틸기를 붙여 전사를 촉진하고 있었던 것입니다.

그의 연구결과는 히스톤에 아세틸기가 붙으면 전사가 활발해진다는 사실을 증명했고, 이 논문으로 히스톤은 DNA를 받치는 수동적인 단백질에서 DNA의 핵심 조절자로 새롭게 정의됐습니다. 이후 전 세계 과학자들은 히스톤에 새겨지는 화학적 표식과 유전자 발현의 상관관계를 찾는 연구에 뛰어들었습니다. 본격적인 후성유전학 시대가 열린 것입니다.

후속 연구들로 DNA에 메틸기($-CH_3$)가 붙으면(DNA의 메틸화) DNA가 더 꽁꽁 묶여 전사가 되지 않는다는 사실도 밝혀졌습니다. 현재까지 히스톤의 아세틸화와 DNA의 메틸화는 전사를 조절하는 대표적인 후성유전학적 표식으로 알려져 있습니다.

일란성 쌍둥이의 DNA가 시간이 지날수록
달라지는 이유는 무엇인가?

후성유전학이 시작되기 전부터 과학자들은 DNA가 동일한 일란성 쌍둥이가 왜 조금씩 다른지 궁금해했습니다. 신체적으로만 보면 일란성 쌍둥이는 서로 같아 보이지만 성격이나 취향 등 다른 부분이 분명히 존재합니다. 특히 정신질환에 대한 취약성이 다른 경우가 많습니다.

대부분의 과학자는 쌍둥이가 겪는 환경이 완전히 일치하지 않아 이런 차이가 생겼다고 생각했습니다. 하지만 어디까지나 증명되지 않은 가설일 뿐, 증명할 방법이 없었습니다. 그렇지만 후성유전학이 등장하며 상황은 완전히 달라졌습니다.

후성유전학이 본격적으로 꽃을 피우던 2000년대 초반, 스페인 국립암센터CNIO 마넬 에스텔러Manel Esteller 박사팀은 일란성 쌍둥이의 차이가 후성유전학 때문이라는 가설을 증명하기 위해 일란성 쌍둥이 40쌍을 대상으로 연구를 진행했습니다.[2] 일란성 쌍둥이는 대부분 생후 초기에는 DNA에 차이가 없지만, 평균 연령 30.6세인 쌍둥이 40쌍의 DNA는 큰 차이를 보였습니다. 일란성 쌍둥이 두 사람을 구분할 수 있는 후성유전학적 표식들이 잔뜩 달려 있었던 것입니다. 나이가 많을수록, 즉 다른 환경에 노출된 기간이 길수록 큰 차이를 보였습니다. 환경이 어떻게 유전자에 영향을 미칠 수 있

미래를
읽는
최소한의
과학지식

📷 쌍둥이 우주인   © NASA

미국항공우주국의 쌍둥이 우주비행사인 마크 켈리(Mark Kelly)와 스콧 켈리(Scott Kelly). 형인 마크 켈리(왼쪽)는 우주비행사를 은퇴한 뒤 지구에 머물렀고, 동생인 스콧 켈리(오른쪽)는 2015년 국제우주정거장(ISS)으로 떠나 1년간 우주에서 생활했다. 쌍둥이 형제의 유전자를 분석한 결과, 후성유전학적 차이가 발견됐다. 미국항공우주국은 장기간 산소 부족에 의한 스트레스나 운동 부족 등 특수한 우주환경 때문에 후성유전학적 차이가 나타난 것이라고 밝혔다.

02
유전자 혁명,
신의 영역에
도전하다

는지를 분자적 차원에서 처음으로 증명한 것입니다.

에스텔러 박사는 논문을 통해 식습관, 생활습관, 스트레스, 흡연과 같은 환경적 요인이 DNA의 메틸화, 히스톤의 아세틸화와 같은 후성유전학적 차이를 만들어 낸다고 말했습니다. 이런 후성유전학적 변화가 유전자 발현을 달라지게 하고, 이런 차이는 신체와 정신적 변화를 가져오게 된다는 말입니다.

하지만 아직 갈 길이 멉니다. 환경이 유전자에 영향을 미친다는 사실은 분명히 알게 됐지만, 어떤 환경이 우리의 유전자를 어떻게 조절하는지에 대한 연구는 아직 많이 진행되지 않았습니다. 우리가 접하는 환경이 너무 복잡하고, 변수가 많아 흡연과 같은 특정 환경이 후성유전학적으로 어떤 영향을 미치는지를 알아내기가 어렵기 때문입니다.

경험도 유전이 될까?

후성유전학이 대중에게 많이 알려지고 관심을 받게 된 것은 아마 유전에 대한 궁금증 때문일 것입니다. '내가 좋아서 담배 피우는데 무슨 상관이냐'라고 말했던 이들도 자신의 흡연으로 바뀌어 버린 DNA가 자식에게 이어진다면 생각이 조금 달라질 수 있겠죠.

후성유전학적 변화가 대대손손 이어질 수 있다는 가능성을 제시한 연구의 배경은 뜻밖에도 지금으로부터 70여 년 전 네덜란드에서 일어난 대기근이었습니다. 제2차 세계대전이 막바지로 치닫던 1944년, 독일군들은 네덜란드 서부 지역을 둘러싼 뒤 그 지역으로 들어가는 모든 식량과 연료 배급을 통제했습니다. 유달리 추웠던 그해 겨울, 사방이 고립돼 어떤 지원도 받을 수 없었던 네덜란드 사람 2만여 명은 굶주려서 죽어 나가기 시작했습니다. 1944년부터 1945년 5월까지 장장 1년 이상 지속된 이 비극의 역사를 '네덜란드 대기근'이라고 합니다.

네덜란드 대기근의 생존자들은 1일 권장 칼로리의 30% 정도만 먹으며 연명했습니다. 당연히 긴 시간 동안 영양실조에 시달렸죠. 과학자들이 네덜란드 대기근에서 살아남은 집단을 연구한 결과, 임신 초기에 영양실조를 겪은 산모에게서 태어난 아이들의 비만율이 평균보다 높았고, 비만과 관련된 질병이 생기는 비율 또한 높다는 사실을 알아냈습니다. 하지만 산모의 영양상태가 어떻게 태어난 아이들의 건강에 영향을 미치는지는 알 수 없었습니다.

이 현상의 증거를 처음 제시한 사람은 네덜란드 출신의 생물학자, 미국 컬럼비아대 람베르트 루메이Lambert Lumey 교수였습니다. 루메이 교수는 고국의 아픈 역사를 후성유전학의 관점에서 접근했습니다. 그는 대기근으로 인해 태아 시절부터 영양실조를 경험했던 사람들에게 후성유전학적으로 어떤 일이 일어났는지를 2008년 세계적인 학술지 《미국국립과학원회보 PNAS》에 발표했습니다.[3]

📷 네덜란드 대기근

제2차 세계대전 막바지였던 1944년에 독일군이 네덜란드 서부 지역을 둘러싸며, 네덜란드에는 극심한 대기근이 찾아왔다. 그로부터 수십 년 후, 당시 임신하고 있던 산모들로부터 태어난 아이들의 유전자를 조사한 결과 성장에 관여하는 유전자에 후성유전학적 변화가 있다는 사실이 밝혀졌다. 외부 환경에 따른 유전자의 변화가 아이에게까지 유전될 수 있다는 의미다.

연구팀은 네덜란드 기근을 겪은 산모에게서 태어난 아이 60명의 유전자를 조사했습니다. 그 결과 성인이 된 아이들의 유전자에서 세포증식에 직접적으로 관여하는 '인슐린 유사 성장인자-2IGF-2'가 특이하다는 사실을 발견했습니다. 그들의 형제들과 비교했을 때 IGF-2의 DNA 메틸화가 눈에 띄게 적었던 것입니다. IGF-2는 지방세포의 증식을 촉진시키는 대표적인 유전자입니다. IGF-2가 많아지면 지방세포도 많아집니다. 즉, 기근을 겪은 태아의 IGF-2의 메틸화가 적다는 것은 일반 사람들보다 지방세포가 많이 만들어진다는 의미입니다.

엄마의 영양이 부족하면 태아에게 전달되는 영양분 역시 적어집니다. 열악한 상황에 놓인 태아는 적은 영양분으로도 생존할 수 있는 방법을 찾아야 합니다. 그 결과 몸에 지방세포를 최대한 많이 만들어 체내에 영양분을 축적하도록 태아의 유전자에 후성유전학적인 변화가 생긴 것입니다. 기근이 끝난 지 60년이 지났는데도 이들의 유전자에는 배고픔이 새겨져 있는 셈입니다.

루메이 교수의 논문이 학계에 큰 반향을 일으킨 이유는 부모의 유전자만 유전된 것이 아니라 자궁의 환경까지 고스란히 아이에게 유전됐다는 사실을 처음으로 증명했기 때문입니다. 즉, 부모의 경험이 자녀에게 유전된 첫 사례입니다. 이 연구는 많은 사람들에게 큰 두려움과 책임감을 안겨주었습니다. 나의 잘못된 습관이 내게서 끝나는 것이 아니라 내 자식, 또 그 후손에게까지 이어질 수 있다는 것이 증명됐으니까요.

그렇다면 유전자에 새겨진 경험은
다시 돌이킬 수 없나?

경험이 유전된다니, 좀 두렵기도 하지만 한 편으로는 억울하기도 합니다. 이 사실을 알기 전에 이미 저질러 버린 나쁜 습관은 어찌할 도리가 없는 걸까요? 같은 고민을 한 과학자가 있습니다. 캐나다 맥길대 마이클 미니Michael Meaney 교수는 이 질문에 답이 될 만한 연구결과를 2004년 《네이처》에 발표했습니다.[4]

쥐도 사람처럼 새끼를 낳고 돌보는 데 많은 시간을 씁니다. 하지만 어떤 엄마 쥐는 새끼 쥐를 많이 핥아 주고 털을 손질해 주는 데 많은 시간을 쓰지만, 새끼 쥐가 무엇을 하든 전혀 신경 쓰지 않는 엄마 쥐도 있습니다.

미니 교수는 이런 두 가지 양육방식이 새끼 쥐에게 어떤 영향을 미치는지에 대해 연구했습니다. 흥미롭게도, 생후 일주일 동안 엄마와 스킨십을 많이 한 새끼 쥐는 정서적으로 차분하고 안정적인 반면, 관심을 받지 못한 새끼 쥐는 불안도가 높았습니다. 상식적으로 생각했을 때 당연한 결과 같지만 미니 교수는 이런 새끼 쥐의 행동의 차이가 후성유전학적 차이에 기인한다고 생각했습니다. 이 논문이 폭발적인 관심을 끈 이유입니다.

연구팀은 양육을 잘 받은 새끼 쥐가 그렇지 않은 쥐보다 스트레스 호르몬을 조절하는 당질코르티코이드 수용체GR 유전자가 덜 메틸화돼 있는 것을 발견했습니다. 즉, 양육을 잘 받은 쥐일수록 GR 유전자가 더 많

양육이 잘 된 쥐

무관심한 쥐

📷 양육의 차이가 가져온 변화

부모의 무관심 속에 자란 새끼 쥐는 후성유전학적인 변화로 인해, 잘 자란 새끼 쥐에 비해 스트레스 호르몬
이 더 많이 나온다. 하지만 연구결과, 이런 쥐들도 부모의 관심을 받게 되면 유전자가 후성유전학적으로 다
시 변한다는 사실이 밝혀졌다.

이 발현돼 스트레스를 잘 조절할 수 있다는 의미입니다. 여기까지는 이전의 후성유전학 연구와 비슷합니다. 하지만 미니 교수는 여기서 멈추지 않고 한 걸음 더 나아갔습니다. '이 후성유전학적 성질을 돌이킬 수 있을까?'

미니 교수가 이런 생각을 한 이유는 후성유전학적 표식을 '쓰는' 효소가 있고, 반대로 그 표식을 '지우는' 효소 또한 존재하기 때문이었습니다. 미니 교수는 이 사실을 이용해 쥐들의 후성유전학적 표식을 인위적으로 지우기로 했습니다.

먼저 양육을 잘 받아 안정적인 새끼 쥐에게 DNA를 메틸화시키는 재료를 넣어 줬습니다. GR 유전자를 강제로 메틸화시킨 것입니다. 반대로 불안한 쥐는 GR 유전자에 많이 분포된 DNA 메틸화를 없애 주었습니다. 그 결과 놀랍게도 안정적이었던 쥐가 양육을 제대로 받지 못한 쥐처럼 불안도가 높아졌고, 불안했던 쥐는 거꾸로 안정적으로 변했습니다.

연구팀은 논문을 통하여 "우리의 연구는 유전자의 후성유전학적인 상태는 행동을 통하여 정해지며, 이것은 되돌릴 수 있다는 잠재성을 가지고 있음을 보여 준다"라고 말했습니다. 결국 나의 매일매일의 경험이 내 유전자에 각인된다는 것입니다.

후성유전학은 어떻게 질병에 대항하는가?

로완 앳킨슨Rowan Atkinson이라는 유명한 영국 배우가 있습니다. 주위의 시선에 개의치 않고 어리숙한 행동을 하는 '미스터 빈'이라는 캐릭터를 연기하며 세계적으로 유명해진 배우입니다. '미스터 빈'이 한 유명한 '바보 짓'은 백화점에서 구입한 미니 전구를 테스트해 보려고 백화점 구석에 있는 플러그를 뽑은 것입니다. '절대 뽑지 마시오'라는 경고문구가 무색해지는 행동이었죠. 플러그를 뽑는 순간, 현란하게 빛나던 백화점의 조명들이 모두 꺼져 버리고 맙니다. 백화점 조명의 마스터 플러그였던 셈입니다.

DNA에도 마스터 플러그 같은 일종의 스위치가 있습니다. 백화점의 일부 구역에만 불을 끄는 것은 큰 문제가 되지 않을 수 있지만 미스터 빈처럼 DNA의 전체 스위치를 꺼 버리면 어떻게 될까요? 후성유전학적으로도 꺼서는 안 되는 중요한 유전자를 끌 수도 있고, 반대로 켜서는 안 되는 유전자를 켤 수도 있습니다. 무서운 이야기지만 이런 상황이 실제로 우리 몸에서 일어나기도 하며, 이를 제시간에 수습하지 못하면 암과 같은 질병으로 발전하기도 합니다.

다행인 것은 앞서 언급했듯이 후성유전학은 되돌리는 것이 가능합니다. 후성유전학이 꽃을 피운 2000년 이후 많은 과학자들은 후성유전학과 암의 상관관계를 연구했고, 많은 암이 잘못된 스위치로 인하여 발생한다는 사실을 발견했습니다. 따라서 과학자들은 잘못된 스위치를 바로잡기 위한 연구를 했고, 일부는 신약개발이라는 열매를 맺었습니다.

대표적인 약이 독일 머크Merck사에서 개발한 탈아세틸화효소 억제제인 졸린자Zolinza와 일본 에자이Eisai사의 탈메틸화효소 억제제인 다코젠Dacogen 입니다. 미국 식품의약국FDA의 승인을 받은 1세대 후성유전학 계열 신약입니다. 다코젠의 경우 메틸화가 사라지는 탈메틸화 작용을 억제해 메틸화를 증가시키는 약입니다. 세포의 분열과 증식을 조절하는 유전자의 활성을 떨어뜨려, 골수에서 비정상적으로 증식하는 암세포를 차단하는 역할을 합니다.

아직은 후성유전학을 이용한 신약이 많지 않지만, 현재 많은 약이 개발 단계와 일상시험 단계에 있기 때문에 가까운 미래에는 더 다양한 후성유전학 계열의 신약이 암과의 전쟁에 나설 수 있을 것입니다. 현재는 졸린자와 다코젠처럼 탈메틸화효소, 탈아세틸화효소와 같은 행동대장을 억제하는 방식이지만 미래에는 중간자를 거치지 않고 히스톤에 직접 흔적을 남기는 아주 작은 분자를 개발할 수 있을 것입니다.

우리는 이때까지 몸의 근간인 DNA는 금고 안에 든 다이아몬드처럼 변하지 않는다고 생각했습니다. 하지만 후성유전학의 발전을 통해 유전자가 환경, 경험과 소통한다는 것을 깨달았습니다. 현대에 많은 사람들이 암과 같은 질병에 시달리고 있는 것은 스트레스와 좋지 않은 환경에 따른 산물이라는 사회학자들의 말이 과학적으로 증명된 셈입니다. 어쩌면 후성유전학은 우리에게 좋은 환경과 경험이 최고의 약이라는 메시지를 던지는 것인지도 모릅니다. "마음이 편해야 몸이 건강하다"라는 옛말이 알고 보니 참으로 과학적인 말입니다.

미래를 읽는 최소한의 과학지식
젊은 과학자들이 주목한 논문으로 시작하는 교양과학

암은 정말
불치의 병인가

우리 몸을 지키는 면역세포로 암을 고친다!

이원재 엠디 앤더슨 암센터 박사후연구원

매년 10월이 되면 과학계가 들썩입니다. 바로 노벨상 때문이죠. 전 세계 신문과 방송은 올해의 수상자를 예측하거나 최근 과학계의 트렌드를 짚어 보는 기사로 뒤덮이곤 합니다. 그만큼 노벨상은 과학계에 중요한 상입니다. 우리 삶에 지대한 영향을 미친 과학 연구를 대중들에게 알릴 수 있을 뿐만 아니라, 앞으로 더 성장할 연구가 무엇인지를 알려 주는 이정표 역할을 하기 때문이죠.

2018년 역시 노벨상의 열기는 뜨거웠습니다. 그중에서도 가장 '핫'했던 상은 노벨 생리의학상입니다. 수년간 우리나라 사망 원인 1위로 꼽히는 질병인 암에 관한 연구였기 때문입니다. 생리의학상을 수상한 미국 텍사스주립대 면역학과 제임스 앨리슨James P. Allison 교수와 일본 교토대 의과대학 혼조 다스쿠本庶佑 교수는 우리 몸의 면역체계를 이용해 암을 치료하는 방법을 연구했습니다. 노벨위원회는 "두 과학자가 개발한 면역항암제는 암세포를 억제하는 데 효과가 크다"라고 수상 이유를 밝혔습니다.

우리 몸을 지키는 면역세포와 우리 몸에서 비정상적으로 성장하는 암세포, 전혀 연관이 없을 것 같은 이 둘은 어쩌다 면역항암제라는 이름으로 한데 엮이게 된 것일까요?

암이란 무엇인가?

암에 대해 모르는 사람은 없을 것입니다. 하지만 암이 왜 치료하기 어려운지, 현재 사용하고 있는 항암제는 어떤 원리로 치료하는 것인지 등 구체적인 질문에 답할 수 있는 사람은 그리 많지 않습니다.

암은 악마 같은 존재이지만, '본투비born to be' 악마는 아닙니다. 암세포도 처음엔 순하디 순한 우리 몸의 세포 중 하나였으니까요. 우리 몸은 60조 개 이상의 세포로 이뤄져 있습니다. 이 세포들은 필요에 따라 세포분열을 하며, 우리 몸의 항상성을 유지합니다. 그래서 우리 몸이 제대로 기능할 수 있는 컨디션을 유지합니다. 하지만 아주 가끔 이 정교한 시스템이 무너질 때가 있습니다. 그러면 세포가 분열해야 할 때가 아닌데 마구잡이로 분열하기 시작하죠. 이렇게 생긴 비정상적인 조직을 종양이라고 합니다.

종양이라고 하면 많은 사람들이 겁부터 집어먹지만, 모든 종양이 위험한 것은 아닙니다. 종양은 한정된 범위에서 상대적으로 느리게 분열하는 양성 종양과 그 반대로 주변 조직까지 빠르게 침범하며 분열하는 악성 종양으로 나뉩니다. 그리고 이 악성 종양을 통틀어 암이라고 하죠.

암세포가 무서운 이유는 우리 세포면서도 우리 세포가 아니기 때문입니다. 바이러스와 같은 오염물질이 몸에 들어오면 면역세포가 달려들어 잡아먹습니다. 하지만 우리 세포였던 암세포는 면역세포의 감시망을 유유히 빠져나갑니다. 아군인 척 위장복을 입은 적군이죠.

암세포는 정상세포인 척하며 면역세포를 속이지만 정상세포와는 성질이 전혀 다릅니다. 모든 세포의 DNA에는 텔로미어라는 일종의 꼬리표가 달려 있습니다. 분열할 때마다 텔로미어가 점점 짧아지고, 일정 길이 이하가 되면 더 이상 분열할 수 없습니다. 정상세포의 분열 횟수는 정해져 있는 것이죠. 그런데 암세포의 텔로미어는 짧아지지 않습니다. 즉, 암세포는 무한하게 분열할 수 있습니다.

정상세포가 무한히 분열한다고 가정해 봅시다. 그렇더라도 계속 살아남기는 어렵습니다. 영양분은 한정적인데, 세포만 늘어난다면 누군가는 먹을 것이 없어서 굶어죽기 마련이니까요. 하지만 암세포는 자신의 주변에 새로운 혈관을 만들어서 영양분을 끊임없이 공급받고 자랍니다. 반면에 자신의 밥그릇을 빼앗긴 정상세포는 하나둘씩 죽고, 결국 몸이 제 기능을 할 수 없게 됩니다.

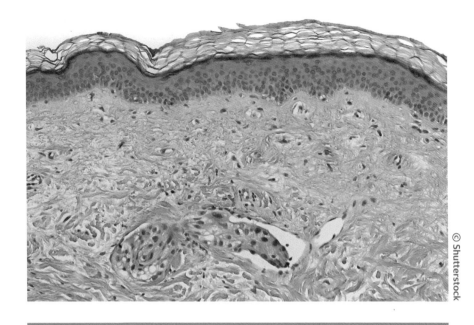

📷 유방암세포

유방암 조직의 단면. 피부 아래에서 림프계가 혈관을 침범해 영역을 넓히고 있다. 유방암세포는 림프계를 통해 멀리 있는 다른 조직으로 이동해 암을 전이시킨다.

암이 전이되는 것도 암세포만의 특성입니다. 정상적인 세포막은 특별한 기능이 있어서, 세포분열을 할 때 한 층으로만 분열합니다. 또 반드시 자신과 같은 기능을 하는 세포 옆에서만 분열할 수 있습니다. 예컨대 손에 있는 세포가 발에 가면 제 기능을 하지 못하고 죽게 되죠. 하지만 암세포는 여러 층으로 분열하고, 심지어 혈관을 타고 전혀 다른 기능을 하는 세포층으로 옮겨가 증식합니다. 이것이 바로 전이입니다.

이렇듯 무적에 가까운 암을 치료하려는 시도는 100여 년 전부터 계속돼 왔지만, 최근까지도 암은 완치가 불가능하다고 말할 정도로 치료가 어렵습니다.

항암제는 어떻게 암세포를 없애나?

항암제는 암세포를 제거하는 약입니다. 암세포의 특성을 이용해 암세포를 사멸시키는데, 개발 시기와 원리에 따라 1세대, 2세대, 3세대로 나뉩니다. 1960~1970년대에 개발된 1세대 화학항암제는 암세포의 가장 큰 특징인 무한분열을 이용했습니다. 박테리아에서 발견한 시스플라틴Cisplatin이 대표적인 1세대 화학항암제 물질입니다. 백금 원자에 2개의 염소와 암모니아가 배위결합*한 화학물질로 세포분열 과정에서 DNA에 끼어 들어가 빠르게 분열하는 암세포를 찾아내 사멸합니다.

하지만 우리 몸에는 암세포 이외에도 끊임없이 분열하는 세포가 있습니다. 계속해서 빠지고 자라고를 반복하는 머리카락을 만드는 모발 줄기세포나 위장 점막세포, 계속 새로운 피를 만들어 내는 골수세포가 그런

---

* 배위결합은 공유결합과 같은 화학결합의 한 종류다. 하지만 결합을 형성하기 위해 두 원자가 모두 자신의 전자를 내놓는 공유결합과는 달리, 어느 한쪽의 원자가 결합에 필요한 전자를 모두 제공한다.

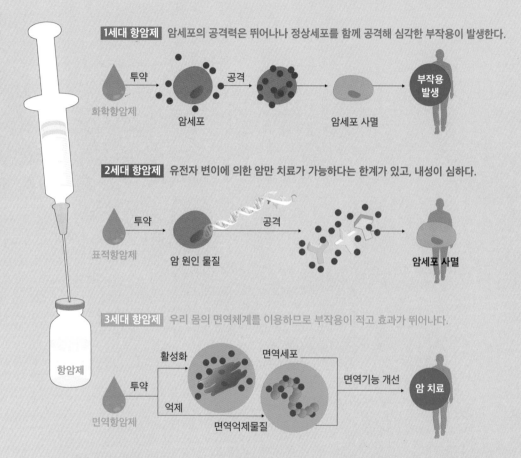

1세대 항암제 암세포의 공격력은 뛰어나나 정상세포를 함께 공격해 심각한 부작용이 발생한다.

투약 → 공격 →

화학항암제 암세포 암세포 사멸 부작용 발생

2세대 항암제 유전자 변이에 의한 암만 치료가 가능하다는 한계가 있고, 내성이 심하다.

투약 → 공격 →

표적항암제 암 원인 물질 암세포 사멸

3세대 항암제 우리 몸의 면역체계를 이용하므로 부작용이 적고 효과가 뛰어나다.

활성화 면역세포

투약 면역기능 개선 → 암 치료

억제

면역항암제 면역억제물질

1~3세대 항암제의 작용 원리

세포입니다. 1세대 항암제는 암세포뿐만 아니라 이런 정상세포까지 공격해 심각한 면역력 저하, 탈모, 구토 등 여러 부작용을 낳았습니다.

이런 단점을 보완하고자 1999년 암세포에만 적용할 수 있는 2세대 표적항암제가 개발됐습니다. 화학항암제가 아군까지 죽이는 무차별 사격수라면, 표적항암제는 암세포만을 죽이는 저격수입니다. 표적항암제는 암세포에서만 나타나는 특정 유전자 변이를 이용해 암세포만 선택적으로 제거합니다. 예를 들어 유방암에서는 BRAC1, BRAC2 단백질의 돌연변이가, 췌장암에서는 KRAS 단백질의 돌연변이가 발견되는데, 이런 돌연변이가 일어난 세포에 작용하는 합성화합물 혹은 천연화합물로 암세포를 제거합니다. 우리가 간혹 들어본 백혈병(혈액암) 치료제인 글리벡 Gleevec(성분명 Imatinib)이 대표적인 2세대 항암제입니다.

백혈병에 걸린 사람들의 암세포 DNA를 살펴보면, 9번 염색체와 22번 염색체의 일부가 끊어져 서로 바뀌어 있는 것을 볼 수 있습니다. 이렇게 바뀐 염색체는 비정상적인 단백질을 만들어 내고, 이 단백질은 백혈구를 과도하게 분열시킵니다. 글리벡은 이 단백질을 표적으로 삼는 항암제입니다. 글리벡은 백혈병 치료의 역사를 완전히 뒤바꿀 듯했습니다. 그런데 글리벡을 먹고 완치된 환자의 상당수가 다시 백혈병 증상을 보이기 시작했습니다. 글리벡을 투여했지만 더 이상 호전되지 않았죠. 내성이 생긴 것입니다. 당황한 연구자들은 내성을 극복하기 위한 대안을 찾기 시작했습니다.

그렇게 탄생한 것이 3세대 면역항암제입니다. 면역항암제는 우리 몸에 있는 면역체계를 활성화시켜 암세포를 죽입니다. 외부물질이 암세포를 죽이는 것이 아니라 원래 우리가 가지고 있던 면역세포들이 암세포를 공격한다는 점에서 이전의 항암제와는 전혀 다릅니다. 면역항암제는 2세대 표적항암제의 문제였던 내성뿐 아니라 유전자 변이가 있는 환자에게만 적용이 가능했다는 단점까지 극복했습니다. 이런 이유로 면역항암제를 차세대 항암치료요법이라고 부릅니다.

암세포와 면역반응은 어떤 관계가 있나?

면역반응은 우리가 외부 물질로부터 감염되거나 질병에 걸렸을 때 우리 몸을 보호하려는 반응입니다. 우리 몸을 지키는 군인과 비슷합니다. 우리의 면역계는 일반적으로 두 가지로 나뉘는데, 외부 물질(항원)을 감지하면 바로 달려가 제거하는 선천성 면역과 우리 몸에 들어온 적이 있던 병원체를 특정해 제거하는 후천성 면역입니다.

적이 침입해 오면 상대를 가리지 않고 싸우는 병사가 선천성 면역이라면, 후천성 면역은 특정 적군의 전략을 완벽하게 파악한 다음, 그 적군들만 공격하는 병사인 셈입니다. 선천성 면역은 호중구, 대식세포, 단핵구세포 등이 무작위적으로 병원체를 막기 때문에, 다양한 병원체에 빠르게 대응할 수 있다는 장점이 있지만, 후천성 면역에 비하여 효율성이 떨어집니다.

후천성 면역을 담당하는 세포는 림프구로 대표적으로 T 세포와 B 세포가 널리 알려져 있습니다. 그중 세포독성 T 세포는 바이러스 등 항원에 감염되거나 더 이상 제 기능을 하지 못하는 세포를 제거하고, B 세포는 우리 몸에 침입한 항원의 일부를 기억하고 있다가 그 항원을 무력화시킬 수 있는 항체를 만듭니다. 한 번이라도 침입했던 항원에 대해서는 바로 항체를 만들어 공격하기 때문에 즉각적으로 대응할 수 있습니다. 우리가 맞는 백신이 바로 후천성 면역의 특징을 잘 활용한 예입니다. 백신은 독성을 제거한 병원체를 묽게 희석한 것으로, 우리 몸에서 병원체에 대한 항체를 만들도록 합니다. 세포독성 T 세포와 B 세포는 선천성 면역보다 반응 속도는 느리지만 특정 병원체에 특이적으로 반응하기 때문에 훨씬 효율적입니다. 면역항암제는 바로 후천성 면역을 이용한 치료제입니다.

암 치료에 우리 몸의 면역반응을 이용해야겠다는 아이디어가 처음 등장한 것은 120여 년 전입니다. 1893년 미국의 외과의사였던 윌리엄 콜리 William Coley 박사는 암 환자를 진찰하던 중에 몇몇 암 환자에게서 박테리아에 감염됐을 때 암세포가 죽는 것을 발견했습니다. 면역체계가 활발해지자 암세포까지 덩달아 죽은 것입니다. 활성화된 면역세포들은 정상세포와는 다른 형태로 성장하는 암세포를 외부 물질로 인지한 것이죠.

콜리 박사의 발견은 면역체계를 이용한 암세포의 치료에 한 가닥 가능성을 보여 주었습니다. 하지만 박테리아 배양액을 환자에게 주입하자 부작용이 너무 많이 나타나 일반적인 암 치료 방법으로는 적합하지 않았습니다. 이로써 면역을 이용한 암 치료법이 잊혀 가는 듯했으나, 1980년대부터 암세포에서만 특이적으로 발견되는 항원이 하나둘 보고되기 시작했습니다. 면역세포가 암세포를 외부 물질로 인식할 수 있는 '암세포 ID 카드'가 발견된 셈입니다. 이 사실이 알려지며, 면역반응과 암세포를 대상으로 한 치료 연구는 다시 활기를 띠기 시작했습니다.

면역항암제의 원리는 무엇인가?

면역세포는 외부 물질이 침입하면 다른 면역세포에게 이를 알리기 위하여 '사이토카인'이라는 신호물질을 분비합니다. 면역반응을 이용한 초기의 암 치료법은 면역세포가 분비하는 여러 종류의 사이토카인을 암 환자에게 직접 투여하는 방식이었습니다. 또 암 환자에게서 분리한 종양과 면역세포를 함께 배양한 뒤, 면역세포가 만들어내는 다양한 항체를 환자에게 투여하기도 했습니다. 이 두 방식 모두 어느 정도 효과는 있었지만, 빠르게 자라나는 암세포를 막기에는 역부족이었습니다. 암세포의 성장을 막을 만큼 강력한 면역반응이 필요했습니다.

오랜 시간 난항을 겪던 면역항암제는 1995년 새로운 국면을 맞이합니다. 2018년 노벨 생리학상을 받은 미국 텍사스주립대 면역학과 제임스 앨리슨 교수가 T 세포의 면역반응에 관여하는 새로운 수용체를 발견한 것입니다.[1]

이 연구를 이해하려면 T 세포의 면역반응에 대해 먼저 알아야 합니다.

T 세포에는 크게 킬러 T 세포killer T cell, 도움 T 세포helper T cell, 기억 T 세포memory T cell 등이 있습니다. 이들은 모두 외부 물질을 제거하는 면역반응에 관여하지만, 수용체가 서로 달라 하는 일이 조금씩 다릅니다. 그중 킬러 T 세포는 바이러스에 감염된 세포나 손상을 입은 세포를 죽입니다. 그러려면 먼저 눈앞의 세포가 감염된 세포인지 정상세포인지를 판단해야 합니다. 정상세포들은 자신이 정상세포임을 증명할 수 있는 ID 카드를 가지고 있습니다. T 세포를 만나면 ID 카드를 제시해 감시망에서 벗어납니다. ID 카드를 내미는 역할을 하는 단백질이 바로 '주조직 적합성 복합체MHC; major histocompatibility complex'입니다.

T 세포가 혼자 돌아다니면서 적군이 침입했는지를 알아내기가 어렵기 때문에 B 세포, 대식세포 등 일부 면역세포들은 우리 몸에 침입한 물질의 단백질을 보관하고 있다가 T 세포에게 보여 줍니다. 이들을 '항원제시세포APC; antigen presenting cell'라고 합니다. APC는 킬러 T 세포에게 세포를 살해할 수 있는 권한을 줍니다. 하지만 T 세포가 적을 인식하지 못하거나 우리 몸의 정상세포를 적으로 인식해 공격할 경우 위험한 상황을 초래할

수 있으므로 이 권한을 활성화하려면 여러 단계를 거쳐야 합니다.

T 세포의 표면에는 ID 카드를 인식하기 위해 MHC 단백질을 인지하는 수용체를 포함해 여러 수용체가 달려 있습니다. 그중 하나가 'CD28'이라는 보조 수용체입니다. CD28은 APC의 표면에 붙어 있는 'B7'이라는 단백질과 결합합니다. 만약 T 세포가 APC가 제시한 적군의 단백질을 인식했다고 하더라도, CD28이 B7 단백질과 결합하지 못하면 활성화되지 못합니다.

앨리슨 교수는 T 세포의 표면에서 CD28과 비슷하게 생겼지만 B7 단백질과 훨씬 더 잘 결합하는 'CTLA-4'라는 수용체를 발견했습니다. 연구팀은 CD28이 B7 단백질과 만나면 T 세포의 면역반응을 활성화시키는 반면, CTLA-4는 면역반응을 저해하는 것을 확인했습니다.

앨리슨 교수는 CTLA-4의 기능을 억제하면 면역이 활성화돼, 암 치료로 이어질 것이라고 생각했습니다. 연구팀은 이를 확인하기 위해 암세포를 가진 생쥐의 CTLA-4 수용체를 항체로 막았습니다. 그러자 생쥐의 T 세포 기능이 항체를 처리하지 않았을 때보다 훨씬 활발해졌고, 생쥐의 암세포 분열이 90% 이상 감소한 것을 확인했습니다.[2]

이 연구가 항암제의 새로운 패러다임을 가져올 것이라고 확신한 앨리슨 교수는 2011년 CTLA-4의 기능을 억제하는 항체를 개발해, 여보이 Yervoy(성분명 Ipilimumab)라는 이름의 면역항암제를 개발했습니다. 이 항암제는 수술이나 다른 항암제로는 치료가 불가능하던 말기 흑색종 암 환자의 치료에 놀라운 효과를 보였습니다.

앨리슨 교수가 CTLA-4를 연구하던 1990년대에 일본에서는 또 다른 놀라운 연구가 진행되고 있었습니다. 혼조 다스쿠 교수는 1992년 T 세포의 표면에서 'PD-1'이라는 수용체를 발견했습니다.[3] PD-1 수용체의 역할을 확인하기 위해 생쥐에서 이 단백질을 제거했습니다. 그러자 T 세포가 정상세포를 외부 물질로 잘못 인식해 사멸시키는 자가면역반응이 증가했습니다. 즉, PD-1은 자기 세포를 인지하고 면역을 비활성화시키는 데 핵심적인 역할을 하는 수용체입니다.

혼조 교수는 CTLA-4와 구조까지 유사한 PD-1 역시 면역의 활성을 조절할 것이라고 생각했습니다. 연구팀은 PD-1에 결합하는 단백질을 찾던 도중 대식세포, B 세포와 같은 일부 면역세포의 표면에서 'PD-L1'이라는 단백질을 발견했습니다.[4] 연구팀이 PD-1 수용체와 PD-L1 단백질을 결합시키자 여러 면역세포가 비활성화됐고, 반대로 두 단백질의 기능을 억제하자 면역반응이 활성화됐습니다.

재미있는 사실은 여러 암세포의 표면에도 PD-L1 단백질이 붙어 있다는 점입니다. 암세포가 버젓이 덩치를 키워 가는데도 면역세포가 이를 감지하지 못한 것은 바로 PD-L1 때문이었습니다. 면역세포의 감시망을 피할 수 있는 암세포의 '프리패스' 티켓이었던 셈이죠. 과학자들은 여러 실

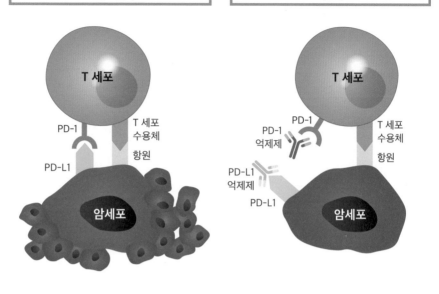

치료 전	치료 후

T 세포

PD-1

PD-L1

T 세포
수용체

항원

암세포

T 세포

PD-1
억제제

PD-1

PD-L1
억제제

PD-L1

T 세포
수용체

항원

암세포

📷 **PD-1 억제제와 PD-L1 억제제**

면역항암제는 PD-1 억제제와 PD-L1 억제제 등으로, 킬러 T 세포의 PD-1에 암세포의 PD-L1이 결합하지 못하게 한다. 결합하지 않으면 킬러 T 세포는 활성화돼 암세포를 공격한다.

험을 통해 PD-L1을 억제하면 암세포가 줄어드는 것을 확인했습니다. 이후 2014년에는 PD-1을 억제하는 키트루다Keytruda(성분명 Pembrolizumab), 2016년에는 옵디보Opdivo(성분명 Nivolumab)가 개발됐습니다. 또한 2016년에는 PD-L1을 억제하는 티쎈트릭Tecentriq(성분명 Atezolizumab)까지 개발돼 흑색종, 비소세포폐암 등 여러 가지 암 치료에 사용됐습니다. 특히 키트루다는 2015년 흑색종에 의한 전이성 뇌종양으로 고생하던 지미 카터

3세대 항암제로
흑색종을 이겨낸
지미 카터 대통령

© LBJ Library

전 미국 대통령을 완치시켜 세계를 놀라게 했습니다.

면역항암제가 주목받는 이유는 이전의 항암제에 비해 부작용이 적기 때문입니다. 암세포는 비록 우리 몸을 죽이는 악마 같은 존재이지만, 우리 몸에서 유래된 세포이기 때문에 정상세포와 많은 부분을 공유합니다. 그래서 약을 자칫 잘못 쓰면 암만큼이나 무서운 부작용이 생길 수 있습니다. 면역항암제는 우리 몸에 이미 존재하는 면역세포를 이용하기 때문에 상대적으로 매우 안전합니다. 하지만 아직까지는 비용이 비싸고, 환자에 따라 반응 정도가 다르다는 한계가 있습니다.

면역항암제는 어떤 방향으로 발전할까?

면역항암제는 크게 세 가지 갈래로 연구되고 있습니다. 먼저 CTLA-4, PD-1 단백질과 같이 면역반응을 억제하는 새로운 단백질을 찾는 연구로 면역 활성화에 관여하는 여러 단백질을 조절하는 상위 단백질을 찾아내고 활용하는 연구입니다.

또 종양의 미세 환경을 조사하는 연구가 있습니다. 암세포 주변에는 암을 제거하고자 하는 T 세포뿐만 아니라 선천성 면역을 담당하는 면역세포와 세포가 모양을 유지하게 도와주는 기질세포stromal cell가 모여 있습니다. 특히 종양대식세포TAM; tumor associated macrophage나 골수유래억제세포MDSC; myeloid-derived suppressor cell와 같은 면역세포는 오히려 암세포가 성장하는 데 도움을 주는 것으로 알려져 있습니다.

이렇게 종양 주위를 구성하는 다양한 세포 환경을 종양미세환경tumor microenvironment이라고 합니다. 현재 많은 연구자들이 종양이 자라는 데 도움을 주는 종양미세환경을 망가뜨려 암세포를 제거하려는 시도를 하고 있습니다.

마지막으로 개인 맞춤형 면역치료제가 연구되고 있습니다. 다양한 생명공학 기술이 발달하면서 개개인의 유전정보를 빠르게 분석할 수 있게 됐습니다. 유전자를 분석하면 암 환자마다 어떤 유전자에서 돌연변이가 일어났는지 알 수 있고, 현재 암이 없는 사람이라도 유전적으로 특정 암이 발생할 가능성이 높다는 사실을 미리 알 수 있습니다.

맞춤형 면역치료제란 암 환자마다 특이적으로 발현하는 암 항원을 타깃으로 하는 치료법입니다. 같은 암이라도 발현되는 항원의 종류가 다르기 때문입니다. 이런 특성을 이용해 개발되고 있는 치료제가 '개인 맞춤형 암백신'입니다. 개인 맞춤형 암백신은 환자 개인의 '신생 항원'을 이용합니다. 신생 항원은 종양 조직에서만 나타나는, 정상 조직에는 없는 특이적인 항원입니다. 모든 종양 조직은 유전자 변이를 가지고 있는데, 신생 항원은 이런 변이에 따른 결과입니다.

사람마다 가지고 있는 신생 항원의 종류와 수가 다 다르기 때문에, 개인 맞춤형 암백신을 만들기 위해서는 환자에게서 떼어낸 종양 조직의 유전자 정보가 필요합니다. 환자가 가진 신생 항원을 선별한 뒤, 이에 대한 정보(mRNA, DNA, 펩타이드 등)를 체내에 투여합니다. 신생 항원을 인지하고 기억하는 면역세포(T 세포)를 증가시켜 암세포만 선택적으로 사멸시키는 원리입니다.

코로나-19로 유명세를 탄 모더나가 개인 맞춤형 암백신의 임상 1상을 진행하고 있으며, 바이오엔텍 역시 암백신에 대한 연구개발 투자 규모를 늘리고 있는 상황입니다. 이외에도 여러 면역반응을 이용한 면역항암제의 개발에 박차를 가하고 있으며, 인류의 역사와 함께한 인류의 질병인 암을 극복하는 날도 머지않은 것 같습니다.

03
암은 정말
불치의
병인가

생명의 혁명, 암 환자를 위한 미니 아바타

염민규 영국 케임브리지대학교 줄기세포연구소 박사후연구원

우리나라의 암 유병자[*]는 160만 명에 달합니다. 약 30명당 1명이 암과의 전쟁을 몸소 경험하고 있다는 의미입니다. 다들 나와는 관계없는 병이라고 생각하지만, 암은 누구에게나 언제든 찾아올 수 있는 질병입니다.

미국의 명문 의과대학 중 하나인 스탠퍼드대에서 교수 승진을 앞둔 서른여섯의 젊은 청년이었던 폴 칼라니티 역시 암은 자신과는 거리가 먼 병이라고 생각했던 사람 중 한 명입니다. 하루에 14시간씩 이어지는 혹독한 수련 과정 중에 그는 자신의 몸에 이상이 생겼음을 직감했습니다. 정밀검사 끝에 자신이 환자에게 그토록 말하기 어려웠던 시한부 선고를 받

---

[*] 현재 투병 중인 사람 혹은 투병 경력이 있으나 완치 판정을 받은 사람을 말한다.

게 됐죠. 폐암 4기, 느닷없이 죽음과 대면하게 된 젊은 의사는 '앞으로 남은 삶을 어떻게 살고 싶냐'는 담당의사의 물음에 이렇게 답했습니다.

> "시간이 얼마나 남았는지 알면 쉬울 텐데요. 2년이 남았다면 글을 쓸 것입니다. 만약 10년이 주어진다면 수술을 하고 과학을 탐구하겠습니다."
>
> - 폴 칼라니티, 《숨결이 바람 될 때》 중에서

그에게 과연 시간이 얼마나 남아 있었을까요? 운이 좋아 수년의 시간이 남았다고 해도, 항암치료와 연명치료 기간을 고려하면 정상적인 삶을 영위할 수 있는 시간은 그보다 훨씬 짧습니다. 그래서 완치 가능성이 매우 낮은 환자 중 일부는 이 소중한 시간을 가족과 함께 보내기 위해 연명치료를 거부하기도 합니다. 칼라니티 역시 이미 손쓸 수 없이 많은 곳으로 전이된 암과 싸우기보다는 가족들과 남은 생을 함께 보내기로 결정했습니다. 촉망받던 의사는 2년 뒤 세상을 떠났습니다.

항암치료가 어려운 이유 중 하나는 사람마다 잘 맞는 약이 다르다는 것입니다. 암은 여러 종류의 유전자 돌연변이가 축적돼 발생하기 때문에, 돌연변이의 조합이 일치하지 않는 한 같은 약물에 똑같이 반응한다

03
암은 정말
불치의
병인가

고 장담할 수 없습니다. 따라서 가능한 한 다양한 약물 조합을 시험해 환자에게 가장 잘 맞는 약물을 사용해야 합니다. 하지만 칼라니티처럼 대부분의 말기 암 환자들은 항암제의 효능을 시험해 볼 체력도 시간도 얼마 남지 않은 경우가 많습니다.

만약 이런 순간에 나를 대신해 약물의 효능을 시험해 볼 수 있는 복제본이 있다면 어떨까요? 최근 개인의 장기를 실험실에서 배양할 수 있는 기술이 개발되고 있습니다. 장기의 작은 복사본인 셈이죠. 이 작은 장기를 '오가노이드'라고 부릅니다.

최초의 오가노이드는 어떤 형태였나?

최초의 오가노이드는 2009년 네덜란드 후브레흐트연구소의 한스 클레버스Hans Clevers 박사의 연구실에서 개발됐습니다.[1] 클레버스 박사는 줄기세포를 이용했습니다. 2000년대 초반만 해도 줄기세포가 성장하는 데 필요한 인자가 무엇인지 몰랐기 때문에 줄기세포를 몸 밖에서 배양하는 것은 불가능하다고 여겨졌습니다.

2008년 일본의 이화학연구소RIKEN의 발생학자 사사이 요시키笹井芳樹 박사가 쥐와 인간의 배아줄기세포에서 대뇌피질과 유사한 조직을 체외에서 만드는 데 성공했다고 보고했지만, 대뇌피질의 구조를 똑같이 재현해 내지는 못했습니다. 대뇌 발생 후기에 만들어지는 신경세포들이 잘

한스 클레버스 박사

© Hans Clevers

만들어지지 않아 체외에서 대뇌피질의 유사체를 만들었다고 하기에는 역부족이었죠.

클레버스 박사의 박사후연구원이었던 사토 토시로佐藤俊朗는 기존 연구를 바탕으로 생쥐 모델에서 장 상피조직을 분리해 몸 밖에서 배양할 수 있는 조건을 찾았습니다. 장 상피조직은 크게 융모와 크립트 구조로 이뤄져 있습니다. 융모는 털처럼 뻗어 나와 있는 구조로, 표면적을 넓혀 최대한 영양분을 많이 흡수합니다. 크립트는 줄기세포와 주변 미세환경을 구성하는 세포로 이뤄진 옹기 같은 구조입니다.

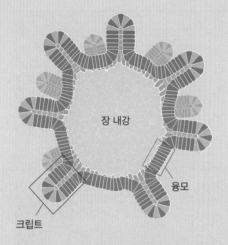

장 내강

크립트

융모

📷 장 상피 오가노이드의 구조

우리의 장 조직은 영양분을 최대한 많이 흡수할 수 있도록 여러 겹으로 겹쳐진 구조를 가지고 있다. 대표적인 구조가 크립트와 융모다. 장 조직으로 만든 오가노이드는 이 구조를 잘 유지하고 있다.

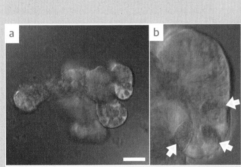
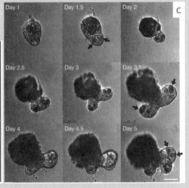

© Hans Clevers

📷 한스 클레버스 박사가 만든 최초의 장 상피 오가노이드

사진에서 초록색으로 빛나는 부분이 장 상피의 성체줄기세포다(a). 이를 확대한 모습을 보면 옹기 모양의 크립트 구조와 그 안의 성체줄기세포들을 확인할 수 있다(b). 하나의 줄기세포로부터 만들어진 오가노이드가 시간이 지날수록 우리의 장 구조와 똑같은 모습으로 성장해 나가고 있다(c).

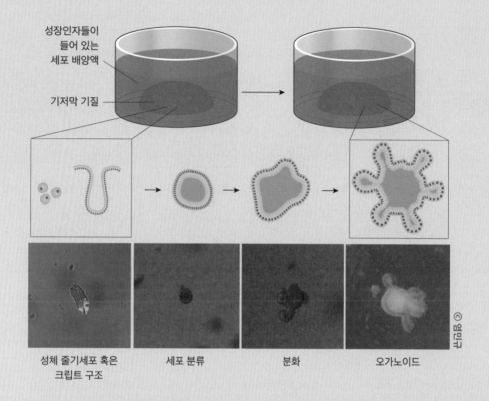

성장인자들이
들어 있는
세포 배양액

기저막 기질

| 성체 줄기세포 혹은
크립트 구조 | 세포 분류 | 분화 | 오가노이드 |

© 엄민구

📷 장 상피 오가노이드의 형성 과정

장 상피 오가노이드는 우리 몸에 존재하는 성체줄기세포들이 적절한 성장인자들을 만나 분열하고, 다른 종류의 여러 세포로 분화되어 만들어진다.

사토 박사는 장 상피조직에서 크립트를 분리해 성장에 관여하는 여러 인자를 처리했고, 그 결과 장 상피조직이 체외에서 자라려면 네 가지 요소가 필요하다는 사실을 알아냈습니다. 바로 윈트WNT, 이지에프EGF, 노긴Noggin, 매트리젤Matrigel입니다. 윈트, 이지에프, 노긴은 장 상피줄기세포가 분열하는 것을 돕는 단백질이고, 매트리젤은 장 상피세포들이 체외에서도 3차원 구조를 유지할 수 있도록 해 주는 단백질들을 섞어 놓은 일종의 젤리입니다.

늘 하던 실험 중 하나라고 생각했던 클레버스 박사는 기대 이상의 결과에 놀랐습니다. 단순히 세포가 뭉친 형태로 자라나기만 해도 성공이라고 생각했던 실험에서 융모와 크립트를 모두 갖춘, 거의 완벽한 장 상피 구조가 재현됐기 때문입니다. 게다가 사토 박사가 만든 오가노이드는 지속적으로 분열할 수 있었고, 반영구적으로 배양할 수 있는데다 급속으로 냉동해 저장할 수도 있었습니다.

체외에서 거의 완벽한 장기 유사체를 만들어 내는 데 처음으로 성공했을 뿐 아니라, 하나의 줄기세포가 마치 설계도라도 가진 것처럼 몸 안의 장기와 똑같은 구조를 스스로 만들 수 있음을 증명한 놀라운 결과였습니다. 이 연구결과는 2009년 《네이처》에 발표됐고, 지금까지 5,000번 이상 인용됐습니다. 이후 클레버스 박사팀은 후속 연구를 통해 위, 췌장, 간 등 여러 장기를 오가노이드로 구현하는 데 성공했습니다. 본격적인 오가노

미래를
읽는
최소한의
과학지식

이드의 시대가 열린 것입니다.

오가노이드를 어디에 사용할 수 있나?

오가노이드는 약물의 효능을 시험할 때 매우 유용합니다. 물론 환자에게 직접 약물을 투여해 효능을 알아보는 것이 가장 정확하겠지만, 우리 몸은 하나밖에 없기 때문에 함부로 시험을 할 수는 없습니다.

난치성 유전질환을 치료하는 데 오가노이드가 실제로 도움이 된 사례가 있습니다. 네덜란드의 판 데르 하이든Van der Heiden이라는 환자는 낭포성 섬유증을 앓고 있었습니다. 이 질병은 염소 이온을 수송하는 'CFTRCystic Fibrosis Transmembrane conductance Regulator 유전자'에 돌연변이가 생겨 여러 기관에 문제를 일으키는 질환입니다. 이 유전자가 제대로 기능하지 못하면 폐와 장에 끈적끈적한 점액이 축적돼 세균이 증식하고, 각종 염증과 반복적인 설사, 호흡곤란 등의 증상에 시달리다 40~50세에 죽음에 이릅니다.

현재 돌연변이형의 CFTR 유전자가 만들어 내는 단백질의 기능을 정상으로 바꿔 주는 교정 약물이 개발되고 있지만, 낭포성 섬유증을 앓고 있는 환자마다 돌연변이의 종류도 다르고, 약물에 대한 반응성도 달라 임상시험에 난항을 겪고 있습니다.

117

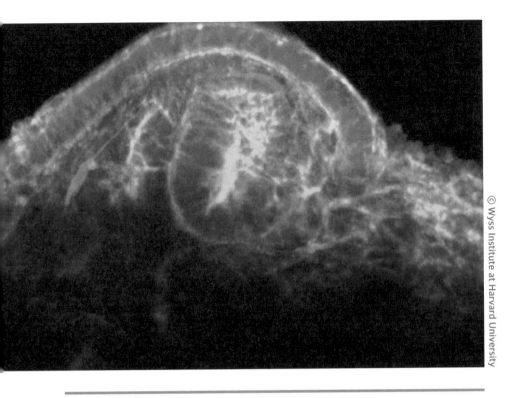

📷 신장 오가노이드

장 오가노이드 이외에도 여러 장기를 본뜬 오가노이드가 연구되고 있다. 사진은 2019년 2월 미국 하버드대 비스연구소에서 개발한 신장 오가노이드. 신장에서 우리 몸에 필요한 단백질은 체내에 남기고 수분이나 작은 물질만 여과시키는 사구체를 구현한 것으로, 붉은색은 모세혈관이다.

하지만 판 데르 하이든은 다른 환자들과는 상황이 조금 달랐습니다. 그 녀의 담당의사가 아주 흥미로운 제안을 한 것입니다. 최근 개발된 오가노 이드라는 기술을 활용하면 환자의 장 상피세포를 실험실에서 키울 수 있 고, 아주 적은 양의 약물로도 효과를 시험해 볼 수 있다는 것이었습니다.

최초의 오가노이드를 개발한 클레버스 박사는 네덜란드 위트레흐트 주에 있는 빌헬미나 아동병원Wilhelmina Children's Hospital과의 공동 연구를 통해, 낭포성 섬유증 환자의 장 상피 오가노이드가 환자의 몸 안에서처럼 수분을 제대로 배출하지 못한다는 사실을 확인했습니다. 즉, 오가노이드가 그녀의 몸을 대변해 주고 있다는 사실을 확인한 것이죠.

클레버스 박사는 다른 여러 환자로부터 만든 오가노이드를 이용해 여러 종류의 돌연변이 CFTR 교정 약물의 반응성 시험을 진행했습니다. 그 결과 오가노이드가 환자의 약물반응성을 체외에서 그대로 반영하는 것을 확인했습니다.[2]

이제는 낭포성 섬유증 환자의 장 상피조직이 아주 조금만 있어도, 약물반응성 검사를 임상시험보다 안전하고 저렴한 비용으로 진행할 수 있게 된 것입니다. 판 데르 하이든도 담당의사의 제안을 받아들여 오가노이드 기술로 신약의 약물반응성 검사를 진행했고, 맞춤형 약물을 처방받아 새로운 인생을 살게 됐습니다.

이처럼 여러 환자의 조직을 활용해 만든 오가노이드는 여러 가지 약물에 대한 반응성을 손쉽고 빠르게 확인할 수 있게 해 줍니다. 최근 의료계의 '핫이슈'인 개인 맞춤형 의료에도 매우 유용한 도구입니다.

오가노이드가 암 정복에도 도움이 될 수 있나?

오가노이드를 활용한 낭포성 섬유증 치료제 시험이 성공적이었지만, 항암제 테스트에 본격적으로 사용하려면 몇 가지 과제가 남아 있었습니다. 암이 다른 유전병과 다른 점은 여러 종류의 악성 세포가 모인 '유기적 군집'이라는 점입니다. 낭포성 섬유증의 경우 하나의 유전자 돌연변이에 의해 질병이 발생하므로 상대적으로 쉽게 표적할 수 있습니다.

하지만 암은 여러 종류의 유전적 돌연변이가 복합적으로 작용해 발생하는데다, 암조직의 악성 세포는 발현되는 유전자, 후생유전학적 특성을 포함한 분자적 특성이 서로 다릅니다. 이를 암세포의 이질성heterogeneity이라고 합니다. 따라서 암세포의 이질성이 오가노이드에서 그대로 재현되지 않으면 정확한 약물시험을 할 수 없기 때문에, 학계에서는 과연 암 오가노이드가 낭포성 섬유증 오가노이드처럼 환자의 약물반응성을 그대로 보여 줄 수 있을지가 초미의 관심사였습니다.

영국 런던에 있는 암연구센터The Institute of Cancer Research의 조르조스 블라초기아니스Georgios Vlachogiannis 박사는 암 환자와 환자의 오가노이드 약물반응성을 비교하는 실험을 계획했습니다. 신약시험에 참여하고 있는 대장암 환자에게서 암조직을 얻어 오가노이드를 만들고, 환자에게 임상시험했던 신약을 오가노이드에 처리한 뒤, 환자의 임상 반응과 오가노이드 반응을 비교한 것입니다.

놀랍게도 결과는 성공적이었습니다. 암 오가노이드는 환자 암조직의 분자 프로필을 그대로 보존하고 있었습니다. 약물에 대한 반응성 역시 환자의 임상시험 결과와 같았습니다. 이 연구는 2018년 《사이언스》에 발표되며, 학계에서 오가노이드 기술을 활용한 환자 맞춤형 항암제 개발을 위한 첫 걸음이라는 평가를 받았습니다.[3] 오가노이드 기술이 항암제 시험에도 활용할 수 있다는 것이 증명된 것입니다.

오가노이드의 장점 중 하나는 냉동 기술을 이용하면 오가노이드를 반영구적으로 보존할 수 있다는 점입니다. 즉, 많은 환자의 오가노이드를 얻어 저장해 두는 '바이오뱅크'를 만들 수 있습니다. 시간이 흘러 환자들의 오가노이드가 쌓이면, 비슷한 종류의 돌연변이를 가진 오가노이드를 모아 연구할 수도 있습니다.

또한 오가노이드 뱅크에서 환자와 비슷한 돌연변이를 가진 오가노이드에 약물반응성 시험을 해볼 수도 있습니다. 그럼 환자에게 효과가 있을 것 같은 항암제 리스트를 신속하고 안전하게 확인할 수 있고, 환자는 기존의 독한 임상시험 없이 적합한 항암제를 찾아 처방받을 수 있습니다. 우리나라는 2016년부터 서울아산병원을 필두로 맞춤형 암치료제 개발과 연구를 위해 오가노이드 바이오뱅크를 구축하고 있습니다.

오가노이드가 맞춤형
항암치료의 시대를 가져올까?

오가노이드가 의학계에서 주목을 받는 이유는 무궁한 적용 가능성 때문입니다. 2018년 노벨 생리의학상의 주인공인 면역 항암 기술을 시험하는 데에도 오가노이드 기술이 사용될 수 있다는 보고가 속속 등장하고 있습니다. 면역 항암 기술은 환자의 암세포를 특징적으로 제거하는 면역세포를 체외에서 만들고 증식시켜 다시 환자에게 넣어 주는 방식입니다.

암을 막는 구세주로 평가받고 있지만, 아직은 1년에 약 1억 원에 달하는 비싼 치료비 때문에 환자에게 직접 시험하기는 어렵습니다. 만약 암 오가노이드 기술과 면역 항암 기술이 함께 발전한다면, 암세포를 좀 더 효율적으로 표적하고 암 정복에 한 걸음 더 다가설 수 있을 것입니다.

암으로 짧은 생을 마감한 의사 폴 칼라니티 박사는 그의 책 말미에 8개월 된 딸에게 짧은 글귀를 남겼습니다.

> "네가 어떻게 살아왔는지, 무슨 일을 했는지, 세상에 어떤 의미 있는 일을 했는지 설명해야 하는 순간이 온다면, 바라건대 네가 죽어 가는 아빠의 나날을 충

만한 기쁨으로 채워 줬음을 빼놓지 말
았으면 좋겠구나. 아빠가 평생 느껴 보
지 못한 기쁨이었고, 그로 인해 아빠는
더 많은 것을 바라지 않고 만족하며 편
히 쉴 수 있게 됐단다."

- 폴 칼라니티,《숨결이 바람 될 때》중에서

그의 젊은 나이도, 빛나던 재능도 아쉽지만, 사랑하는 딸과 함께할 수 없게 된 그 마음이 어땠을지, 의연한 문구 속에 감춰진 깊은 고뇌를 읽을 수 있습니다. 폴 칼라니티처럼 갑작스럽게 병마와 마주한 사람들이 그 희망의 불빛을 꺼트리지 않고, 조금이라도 소중한 삶을 이어갈 수 있길 바라며, 오늘도 과학자들은 연구를 계속해 나가고 있습니다.

비만에서 행동까지, 나를 결정하는 숨은 지배자

이기현 CJ 바이오사이언스 바이오-디지털 플랫폼 센터 선임연구원

"내가 물만 먹어도 살찌는 건
다 엄마, 아빠의 유전자 때문이야!"

다이어트에 지쳐 포기하고 싶어질 때면 이런 생각이 스멀스멀 올라오곤 합니다. 하지만 최근 엄마, 아빠들이 억울해할 만한 연구들이 나오고 있습니다. 비만이 부모의 유전자 때문이 아니라 내 속의 또 다른 유전자 때문이라는 것입니다. 분명 과학 시간에 우리의 유전자는 엄마에게서 절반, 아빠에게서 절반을 받아 이뤄진다고 배웠는데 내 안의 또 다른 유전자라니, 도대체 무슨 말일까요?

그 정체는 바로 우리 몸속에 사는 미생물입니다. 과학자들은 인간의 몸에 존재하는 모든 세포 중 절반 이상이 미생물 세포라고 추정합니다.

그만큼 우리 몸에는 많은 수의 미생물이 함께 살고 있습니다. 미생물의 97% 이상은 장에 있습니다. 이들을 '장내미생물'이라고 부릅니다.

우리에게 유전자가 있듯이 장내미생물에게도 유전자가 있습니다. 장내미생물이 가진 유전자의 종류는 인간의 유전자보다 무려 100배나 더 다양합니다. 유전자가 다양하다는 것은 생물학적 기능이 그만큼 다양하다는 것을 뜻합니다. 부모님께 받은 고유한 유전자보다 우리 뱃속에 입주한 미생물의 유전자로 할 수 있는 일이 더 많습니다. 예를 들어 채소나 해초에는 구조가 아주 복잡한 탄수화물이 있는데, 이 영양분은 우리 몸속에 사는 미생물의 효소 덕분에 영양분으로 흡수될 수 있습니다. 최근 연구에 따르면 장내미생물은 우리 몸속에서 에너지대사, 면역계와 신경계 등 아주 중요한 기능에 관여합니다.

이렇게 중요한 장내미생물이
왜 최근에야 연구되기 시작했나?

미생물이라고 하면 어떤 이미지가 가장 먼저 떠오르나요? 균, 감염병과 같은 무시무시한 단어가 먼저 떠오르지는 않나요? 미생물은 꽤 오랜 시간 동안 사람을 병들게 하는 병원균이라는 오명을 쓴 채 살아왔습니다. 인류가 처음으로 밝혀낸 미생물과 인간의 상호작용이 바로 '미생물이 인간의 질병을 일으킨다'였기 때문이죠.

1870년 폴란드의 볼슈타인 지역에서 역병이 돌아 4년 동안 사람이 528명 사망하고, 가축이 무려 5만 6,000마리가 죽은 일이 있었습니다. 당시 볼슈타인에서 보건의사로 일하던 로베르트 코흐Robert Koch 박사는 이 질병의 원인을 연구하기 시작했습니다. 병에 걸린 가축의 혈액을 관찰한 결과, 막대 모양의 미생물을 발견했고, 아픈 가축의 혈액을 건강한 가축에게 주입하면 같은 질병에 걸리는 것을 확인했습니다.

코흐 박사는 병에 걸린 동물의 혈액에서 언제나 발견되는 막대 모양의 미생물이 병의 원인일 것이라고 생각했습니다. 그는 자신의 생각을 증명하기 위해 실험을 준비했습니다. 우선 막대 미생물을 다른 미생물과 섞이지 않은 순수한 상태로 배양했습니다. 그리고 막대 미생물을 실험용 쥐에 접종하는 실험을 반복했죠. 그러자 막대 미생물을 접종한 쥐는 모두 죽었고, 이들의 혈액에서 접종한 것과 똑같은 막대 미생물을 발견했습니다. 즉, 이 생물을 죽음에 이르게 한 원인이 막대 미생물이라는 사실을 밝혀낸 것입니다. 이 병원균이 바로 그 유명한 '탄저균'입니다.

첫인상이 심어지는 것은 순간이지만 이를 바꾸는 데에는 한 세월이 걸린다는 말이 있습니다. 탄저균의 발견으로 병원균 연구에 불이 붙었고, 20세기에 이뤄진 미생물 연구는 주로 병원균에 국한돼 있었습니다. 이때 연구로 공중보건체계가 발전했고, 항생제가 개발되어 병원균에 의한 사망률이 눈에 띄게 줄었습니다. 인류의 평균 기대수명은 30년이 늘어났고,

미래를
읽는
최소한의
과학지식

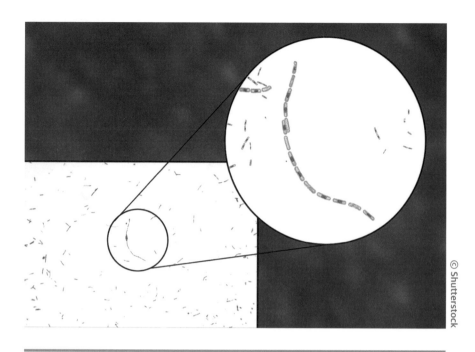

📷 치명적인 탄저균의 발견

미생물이 병원균이라는 이미지를 갖는 데 큰 역할을 한 탄저균. 기다란 막대 모양으로 생긴 탄저균은 치사율이 95%인데다 쉽게 감염돼 많은 사람을 죽음으로 몰고 간 무서운 병원균이다.

가장 흔한 사망 원인이었던 병원균 감염은 비감염성 질환인 암, 심장병, 뇌출혈에 그 자리를 넘겨 줬습니다.

장내미생물 연구 역시 마찬가지였습니다. 20세기까지 장염을 일으키는 살모넬라균*Salmonella*, 이질균*Shigella*, 대장균*Escherichia* 등의 병원성 세균만 잘 알려져 있었습니다. 2005년이 돼서야 장 속에서 병원성 세균이 차지하는 비율이 매우 적고, 프레보텔라균*Prevotella*, 박테로이데스균

Bacteroides, 파이칼리박테리움*Faecalibacterium* 등 잘 알려지지 않았던 미생물이야말로 장내미생물의 생태계를 지배하고 있음이 밝혀졌습니다.[1]

미국 스탠퍼드대 데이비드 렐먼David Relman 교수팀은 사람의 장에 거주하는 미생물에 대한 본격적인 조사를 시작했습니다. 건강한 성인 3명의 대장 점막에서 시료를 채취하고, DNA 분석을 통해 미생물의 종류를 파악했습니다. 지금은 미생물의 DNA를 분석하는 것이 당연해 보이지만, 당시에는 매우 신선한 방법이었습니다.

기존에는 실험실에 마련된 배양 환경에서 살아남는 미생물 위주로 종류를 파악했습니다. 마치 횟집 수조에서 잘 살아남는 물고기만 가지고 바닷속 생태계를 짐작하는 셈이었죠. 하지만 렐먼 교수는 배양 여부와 관계없이 "대장 점막에서 DNA가 발견되면 여기서 살고 있는 것으로 여기겠다"라는 논리로 DNA 분석 방법을 선택했습니다. 그 결과 미생물의 생존 조건과 상관없이 정확한 장내미생물 지도를 만들 수 있었습니다.

이 연구로 우리가 알던 장은 이제까지 알던 것과는 전혀 다른 곳이 됐습니다. 장내미생물 본연의 다양성과 복잡성, 그들이 인체에서 담당하는 기능을 탐구하는 진정한 의미의 장내미생물 연구가 탄생한 것입니다.

우리 몸에서 장내미생물은 어떤 일을 하나?

장내미생물의 일부를 없애거나 군집을 변화시켜 보면 장내미생물이 어떤 일을 하는지 실마리를 얻을 수 있습니다. 20세기 병원균에 대한 연구와 광범위한 항생제 사용으로 인류는 감염성 질환을 감소시키는 성과를 이뤘습니다. 하지만 강력한 항생제가 병원균뿐 아니라 유익한 미생물까지 죽이며, 장내미생물의 생태계는 지구의 기후변화만큼이나 급격한 변화를 겪었습니다.

과도한 항생제 사용의 문제점을 처음 지적한 것은 당대 최고의 미생물학 권위자였던 미국의 테오도르 로즈버리Theodor Rosebury 박사였습니다. 그는 1969년 《인간 위의 생태계Life on Man》에서 이렇게 말했습니다.

> "인체에 사는 미생물을 죽이려는 시도는 대체로 잘못된 것이다. 세균이 모두 더럽고 우리를 공격한다는 믿음은 우리를 해칠 수 있다."

로즈버리 박사를 포함해 일부 미생물학자들은 미생물이 아무 기능도 하지 않고 자리만 차지하는 존재가 아니라 어떤 중요한 기능을 담당할 것이라고 짐작하고 있었습니다. 하지만 미생물에 대한 편견을 뒤집는 것은 불가능해 보였습니다. 병원균과의 전쟁이 큰 가시적 성공을 안겨 줬고, 우리와 함께 공생하는 미생물의 유익한 기능을 증명할 만한 연구가 이뤄지지 않았기 때문입니다.

이런 상황은 2000년대 중반 미국 워싱턴대 제프리 고든Jeffrey Gordon 교수의 연구를 기점으로 극적으로 변하기 시작했습니다. 고든 교수는 무균상태의 쥐를 이용해 장내미생물을 연구하는 미생물학계의 대가로, 장내미생물이 없는 무균상태의 쥐와 정상적으로 길러진 쥐의 차이에 관심이 많았습니다. 두 집단의 쥐를 관찰한 결과 정상 쥐의 체지방 함량이 약 1.5배 높았습니다.

그는 장내미생물이 비만과 연관이 있을 것이라고 생각했고, 쥐를 이용해 이를 증명하고자 했습니다. 연구팀은 식욕을 억제하는 호르몬인 렙틴을 분비하지 못해 정상 쥐에 비해 체중이 4배가량 많이 나가는 유전자 변형 쥐와 정상 쥐의 장내미생물을 비교했습니다. 그 결과 비만 쥐에서 피르미큐티스문Firmicutes 세균의 비율이 높고, 박테로이데테스문 Bacteroidetes 세균의 비율이 매우 낮다는 사실을 알아냈습니다.

연구팀은 이 연구결과를 보고는 '비만 미생물'이 비만의 원인인지 아니면 비만의 결과인지를 고민했습니다. 이를 밝히기 위해 비만 쥐와 정상 쥐의 장내미생물 유전자를 해독한 결과, 당을 분해하는 데 관여하는 유전자가 비만 쥐의 장내미생물에 더 많다는 것을 확인했습니다. 또한 비만 쥐의 변에 포함된 열량이 정상 쥐보다 더 적다는 사실도 발견했습니다. 즉, 비만 쥐의 장내미생물이 음식물로부터 더 많은 당을 만들어 내고, 그만큼 더 많은 열량을 흡수한다는 의미입니다.

고든 교수는 이를 토대로 장내미생물이 비만의 원인이 될 수 있다는 가설을 세웠습니다. 연구팀은 무균상태의 쥐를 두 집단으로 나눈 뒤, 한 쪽에는 비만 쥐의 장내미생물을, 다른 쪽에는 정상 쥐의 장내미생물을 주입했습니다. 실험을 시작할 때는 체중과 체지방량이 동일했던 두 집단의 쥐들이 2주가 지나자 완전히 달라져 있었습니다. 비만 쥐의 장내미생물을 주입한 집단이 다른 집단에 비해 체지방량이 1.7배 증가한 것입니다. 장내미생물이 비만의 원인이 될 수 있음을 증명한 이 연구는 2006년 12월 국제학술지 《네이처》에 발표됐습니다.[2] 이 연구로 장내미생물의 생태계 변화가 표현형까지 변화시킬 수 있다는 점이 밝혀졌습니다.

장내미생물이 비만을 결정한다는 고든 교수의 연구는 신호탄에 불과했습니다. 구체적인 원인이 알려져 있지 않았던 영양실조, 염증성 장질환은 물론 당뇨병, 대장암, 심장병 등 다양한 질병이 장내미생물의 불균형에서 비롯된다는 사실이 드러났고, 특히 장내미생물이 면역계에 큰 역할을 한다는 사실도 밝혀졌습니다. 대표적인 면역세포인 T 세포가 분화하고 림프계가 발생하는 데에 미생물의 유전자가 관여한다는 것입니다. 인간의 유전자에는 면역계를 완성하기 위한 충분한 정보가 담겨 있지 않

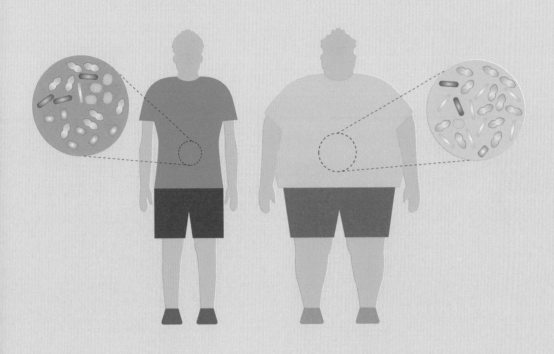

| 건강한 사람 | 비만인 사람 |

유전성 미생물 종류

Christensenella minuta   Methanobrevibacter smithii   Blautia obeum

Akkermansia muciniphila   그 외 다른 미생물

📷 비만을 만드는 장내미생물

식습관과 라이프스타일에 따라 장내미생물은 변한다. 비만인 사람의 경우 정상 체중인 사람에 비해 블라우티아 오베움(Blautia obeum)이 많고, 아케르만시아 무키니필라(Akkermansia muciniphila)가 매우 적은 등의 차이가 있다. 장내미생물의 군집을 바꿔 주는 것만으로도 비만이 개선된다는 사실이 밝혀지며, 균을 이용한 비만 치료법이 개발되고 있다.

고, 장내미생물에 나뉘어 담겨 있다는 뜻이죠. 유전자의 일부가 사라지거나 변이를 일으키면 유전적 질환이 나타나듯이, 장내미생물의 결손 역시 면역계의 질환을 가져올 수 있습니다.

많은 발견 중 가장 흥미롭고 충격적인 것은 장내미생물이 정신의 영역까지 개입한다는 사실입니다. 미국 샌디에이고 캘리포니아대 롭 나이트 Rob Knight 교수는 "장내미생물과 신경계의 긴밀한 연결은 지난 10년간 이 분야의 발견 중 가장 놀라운 일"이라고 말하기도 했습니다. 최신 연구들은 스트레스 감수성, 정서불안, 자폐증, 파킨슨병 등의 신경학적 질환이 장내미생물의 조성과 연관돼 있음을 보여 주고 있습니다. 정신질환과 관련된 신경전달물질인 세로토닌, 도파민, 가바 GABA 등을 만들어 내는 장내미생물이 발견됐고, 숙주의 우울감을 해소시켜 주는 효과가 있는 미생물도 발견됐습니다.

중추신경계의 질환과 장내미생물의 연관성이 드러나자 그동안 이유를 알 수 없었던 의학 현상들의 관계도 하나둘 밝혀지기 시작했습니다. 예를 들어 임산부가 비만일 경우 태아의 신경발달장애 위험성이 높다는 연구결과가 있었는데, 정확한 원인이 밝혀지지 않은 상태였습니다. 미국 베일러 의과대학 마우로 코스타 마티올리 Mauro Costa Mattioli 교수는 그 원인이 장내미생물일 것이라고 가정했습니다. 연구팀은 임신한 쥐에게 고지방 식단을 제공해 비만을 유도한 뒤, 태어난 새끼 쥐들의 행동을 관찰했습니다. 그 결과 새끼 쥐들은 정상적인 쥐와 장내미생물 군집이 확연히 달랐고, 다른 쥐와 만나지 않으려는 반사회적인 성향이 강했습니다. 정상 쥐는 다른 쥐를 만날 때 뇌의 도파민 보상회로가 활발히 작동하는데, 사회성이 결여된 새끼 쥐의 뇌에서는 보상회로가 전혀 작동하지 않았습니다.

연구팀은 사회성이 결여된 쥐와 정상 쥐의 장내미생물의 군집을 비교했고, 락토바실러스 레우테리Lactobacillus reuteri라는 균이 매우 부족하다는 것을 발견했습니다. 새끼 쥐에게 락토바실러스 레우테리를 주입하자, 뇌에서 옥시토신 생산이 늘어나고, 도파민 보상회로가 활성화되며, 사회성이 회복됐습니다. 락토바실러스 레우테리가 어떻게 옥시토신을 증가시키는지는 아직 밝혀지지 않았지만, 장 속의 미생물 한 종이 사회성을 결정할 수 있음을 보여 준 놀라운 연구였습니다.[3]

이렇듯 장내미생물에서 뇌까지 연결되는 소통체계를 '장내미생물-장-뇌 연결 축microbiota-gut-brain axis'이라고 합니다. 장을 둘러싼 복잡한 신경망을 '제2의 뇌'라고 부르기도 하고요.

장내미생물 연구가
질병의 치료까지 이어질 수 있나?

현재 건강을 목적으로 장내미생물을 활용하

려는 도전이 여러 곳에서 이뤄지고 있습니다. 장내미생물과 신경계의 상호작용에 대한 연구를 선도해 온 미국 캘리포니아공대 사르키스 마즈매니언Sarkis Mazmanian 교수는 장내미생물을 이용해 자폐증을 치료하려는 시도를 하고 있습니다. 자폐증에 관한 기존 연구는 인간의 유전학적, 행동학적, 신경학적 특성에 치중돼 있었습니다. 하지만 마즈매니언 교수는 과감히 장내미생물에 집중하기로 한 것입니다.

마즈매니언 교수는 2013년 연구를 통해 자폐증 아동과 일반 아동의 장내미생물 구성이 다르며, 자폐증 아동의 장벽 투과성intestinal permeability이 높다는 사실을 확인했습니다. 장벽은 장 속의 공간과 인간의 세포조직을 구분해 주는 벽으로, 여러 물질의 출입을 통제하는 역할을 합니다. 점막과 면역세포로 이뤄진 이 장벽은 물, 전해질, 영양분, 각종 분자와 미생물이 혈관으로 들어오거나 나가지 못하도록 합니다. 장벽이 약해져 물질의 투과성이 높아지면, 장에서 유래한 여러 가지 물질이 혈관까지 침투할 수 있게 됩니다.

마즈매니언 교수는 장벽 발생에 관여하는 박테로이데스로 자폐증 치료약을 만들자는 아이디어를 떠올렸습니다. 연구팀은 치료 효과를 실험하기 위해 자폐 증상을 가진 실험용 쥐의 장에 박테로이데스를 투입하자 불안행동과 특정 행동을 반복하던 쥐의 증상이 완화됐습니다.[4] 장내미생물로 질병을 치료할 수 있다는 가능성을 보여 준 연구였습니다.

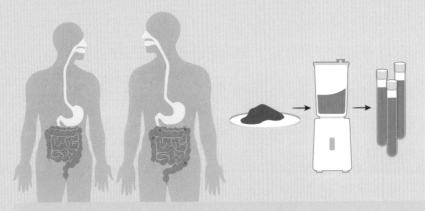

① 건강한 사람의 대변에 식염수를 넣은 뒤 용액만 추출하여 냉동 보관한다.

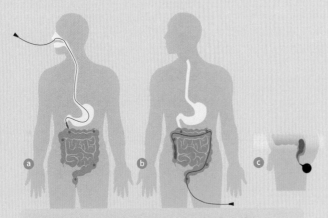

② 추출한 용액은 다음 세 가지 방법을 통해 장에 넣을 수 있다.
a 코에 관을 넣은 뒤 대변에서 추출한 용액을 장에 주입한다.
b 내시경을 통해 대변에서 추출한 용액을 장 안쪽에 주입한다.
c 관장 도구를 사용해 대변에서 추출한 용액을 대장 쪽으로 밀어 넣는다.

📷 대변 내 장내미생물을 이식하는 방법

대변이식은 건강한 사람의 대변을 이식해 장내미생물 군집을 바꾸는 방법이다. 건강한 사람의 대변에서 추출한 용액을 여러 가지 방법으로 환자의 장에 이식하면 환자의 장내미생물 군집은 건강한 사람의 것과 유사하게 변한다. 미래에는 실험실에서 배양한 건강한 장내 미생물을 캡슐에 넣어 복용할 수 있을 것으로 기대된다.

시디프 장염 환자의 대장 미생물 생태계 변화

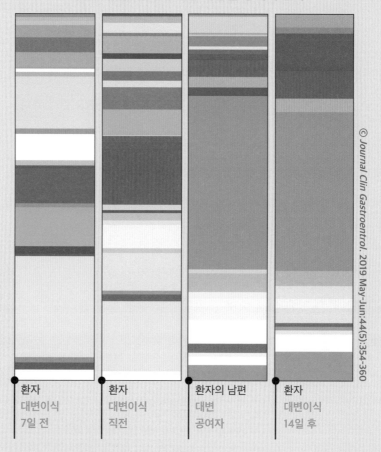

환자
대변이식
7일 전

환자
대변이식
직전

환자의 남편
대변
공여자

환자
대변이식
14일 후

📷 장내미생물로 장염 완치

미국 미네소타대 알렉산더 코러츠(Alexander Khoruts) 교수가 2008년 발표한 연구결과에 따르면, 장염을 유발하는 클로스트리디오이데스 디피킬레(*Clostridioides difficile*)를 가진 환자가 건강한 사람의 대변을 이식받자 14일 만에 장내미생물 군집이 달라지고 장염이 완치됐다.

유익한 장내미생물을 환자에게 효과적으로 전달하는 방법도 개발되고 있습니다. 대표적인 방법이 '대변이식FMT; Fecal Microbiota Transplantation'입니다. 건강한 사람의 대변에서 추출한 장내미생물을 환자에게 주입하는 방식으로, 장염을 자주 앓는 환자들에게 성공적으로 사용되고 있습니다. 심지어 장내미생물의 차이에 따라 항암 면역치료 효과도 달라진다는 연구결과가 쏟아져 나오면서, 대변이식으로 항암 효과를 증대시키는 치료법도 개발되고 있습니다.

장내미생물을 이용한 치료법이 주목받는 이유는 쉽게 응용할 수 있기 때문입니다. 2001년 인간게놈프로젝트가 완료되며 수십만 개에 이르는 인간 유전자가 모두 해독됐습니다. 많은 이들이 다양한 질병의 원인을 찾고 치료법을 개발할 수 있을 것이라 기대했지만, 아직까지도 유전자를 이용해 치료하는 것은 무척 어려운 일입니다. 유전자를 잘라 붙이는 편집 기술을 인간에게 적용하기에는 아직 미성숙한데다 윤리적인 문제도 남아 있기 때문입니다. 반면 장내미생물을 '편집하는' 치료 기술은 미생물의 종류만 바꿔 주면 되기 때문에 기술적으로 매우 쉽고 윤리적인 제약도 없습니다.

장내미생물을 이용해 치료제를 개발하는 회사도 늘고 있습니다. 2022년 6월에는 미국의 바이오텍 세레스 테라퓨틱스가 장내미생물을 활용한 치료제의 임상 3상 결과를 발표했습니다. 만약 미국식품의약국FDA이 이를 승인한다면 세계 최초의 장내미생물 치료제가 탄생하는 것입니다.

우리 몸에는 1,000종이 넘는 장내미생물이 10^{13}마리나 살고 있습니다. 그만큼 많은 치료법이 존재한다는 의미겠죠. 이 복잡한 생태계가 인체와 어떤 관계를 맺고 있는지 좀 더 파악한다면 치료에 어려움을 겪고 있는 많은 질병을 해결할 수 있을 것입니다.

미래를 읽는 최소한의 과학지식

젊은 과학자들이 주목한 논문으로 시작하는 교양과학

우리 뇌는
어떻게 작동할까

빛으로
뇌를 지배한다

신안나 인테그로메디랩 연구원

"제발 이 기억만은 남겨 주세요. 이 순
간만은(Please let me keep this memory, just
this moment)."

2004년에 개봉한 영화 〈이터널 선샤인Eternal
Sunshine of the spotless mind〉 속 대사입니다. 짐 캐리와 케이트 윈슬렛이 나
오는 영화로, 많은 이들의 사랑을 받아 우리나라에서는 2015년에 재개봉
되기도 했습니다. 남자 주인공 조엘은 오래된 연인 클레멘타인과의 가슴
아픈 이별을 잊기 위해 기억을 지워 주는 '라쿠나'라는 회사를 찾아갑니다.
  라쿠나는 클레멘타인과 관련된 물건을 통해 조엘의 뇌에서 지워야 할
기억을 걸러냅니다. 조엘의 머리에 거대한 장비를 씌운 뒤, 최근 기억부터

하나씩 하나씩 지워 나갑니다. "제발 이 기억만은 남겨 주세요"라는 조엘의 말은 사라져 가는 기억을 지키고자 하는 마지막 몸부림이었습니다.

여러분도 지워 버리고 싶을 만큼 가슴 아픈 기억이 있나요? 안타깝게도 아직은 그 기억을 지울 수 없습니다. 하지만 10년, 늦어도 20~30년 안에는 기억을 지우는 일이 가능할지도 모릅니다. 라쿠나처럼 거대한 장비를 사용하지 않고, 광유전학을 이용해 뇌에 빛을 쏘는 것만으로 말입니다.

광유전학은 어떻게 시작됐나?

광유전학을 간단하게 소개하면 빛으로 뇌의 활성을 조절하는 기술입니다. 광유전학은 2kg도 안 되는 조그만 뇌가 얼마나 많은 일을 하는지에 대한 사람들의 궁금증에서 시작됐습니다.

과거에는 인간의 사고를 이성과 감성으로 나누어 이성은 머리에서, 감성은 심장에서 온다고 생각했습니다. 하지만 뇌를 다친 사람들을 통해 사람의 이성과 감성, 생존을 위한 수많은 행동이 뇌의 특정 영역에 의해 조절된다는 사실이 밝혀지기 시작했습니다.

1848년 9월, 미국 버몬트주의 한 공사장에서 비극적인 사고가 일어났습니다. 당시 철도 공사장 감독이었던 피니어스 게이지Phineas Gage는 큰 바위를 부수기 위해 바위의 작은 구멍에 다이너마이트를 넣고, 쇠막대로 구멍 표면을 고르게 하는 작업을 하고 있었습니다. 그런데 다이너마이트가 폭발하면서, 쇠막대가 게이지의 왼쪽 뺨에서 오른쪽 머리 윗부분으로 관통하고 말았습니다.

이 일로 게이지는 두개골의 상당 부분과 왼쪽 대뇌 전두엽 일부를 다쳤고, 머리에는 지름 9cm가 넘는 큰 구멍이 생겼지만 다행히 기적적으로 회복했습니다. 하지만 행복도 잠시, 그는 다니던 철도회사에서 해고됐고, 다른 어떤 직장에서도 오래 일할 수 없었습니다. 그의 폭력적인 성격과 일에 집중하지 못하는 산만함 때문이었습니다.

그의 동료들은 하나같이 "사고 이전에는 누구보다 성실하고 친절했다"라며 그의 변화에 당혹스러워했습니다. 당시 그를 진찰한 의사와 뇌과학자들은 대뇌 전두엽 손상이 그의 성격과 행동에 큰 변화를 일으켰다는 사실을 깨달았습니다.

뇌의 방대한 기능을 알게 해 준 사건이 또 하나 있습니다. 심한 발작을 일으키는 뇌전증으로 어릴 때부터 고통받던 환자인 헨리 몰레이슨Henry Molaison은 1953년에 치료를 위해 측두엽 일부를 제거했습니다. 수술 뒤 뇌전증은 호전됐지만, 그에게는 새로운 일을 30초밖에 기억하지 못하는 기억장애가 생겼습니다. 장기기억에 문제가 생긴 것이죠. 뇌과학자들은 1957년 말부터 그가 사망한 2008년까지 그의 행동과 인지 능력을 광범위하게 연구했습니다. 이 연구결과는 뇌 영역과 기억 기능 사이의 연결고리를 찾는 데 중요한 단서가 됐습니다.

이런 사건들을 통해 뇌과학자들은 '영역에 따른 뇌의 역할을 실험으로 확인하고 싶다'라는 생각을 하기 시작했습니다. 주로 동물 뇌의 특정 부위를 절제해 행동변화를 관찰하거나 전기 자극을 줘 뇌의 특정 영역을 인위적으로 활성화시키는 방법을 연구했습니다.

하지만 이 방법은 정확하게 목표한 영역만 활성화시키기 어렵다는 한계가 있었습니다. 특정 약물을 주입해 뇌 영역을 자극하거나 억제하는 방법도 사용해 봤지만, 역시 약물이 체내에 흡수되는 정도를 조절하기가 어렵고, 약물에 반응하기까지 걸리는 시간이 매우 느리다는 단점이 있었습니다.

광유전학은 이런 배경에서 등장했습니다. 영어로 '옵토제네틱스 Optogenetics'인 광유전학은 이름에서 알 수 있듯이 빛opto을 이용한 유전학genetics 기술입니다. 빛으로 살아 있는 생명체의 뇌세포를 제어하는 기술이죠. 세계의 저명한 기업인, 경제학자, 정치인 등이 모여 세계 경제에 대해 토론하는 '다보스 포럼Davos forum'은 광유전학의 엄청난 잠재력을 인정해 광유전학을 2016년 10대 유망 기술 중 하나로 꼽았습니다.

어떻게 빛으로 뇌세포를 제어할 수 있나?

우리의 뇌에는 수많은 뉴런(신경세포)이 자리 잡고 있습니다. 뉴런은 화학물질을 이용해 가까이 있는 또 다른 뉴런

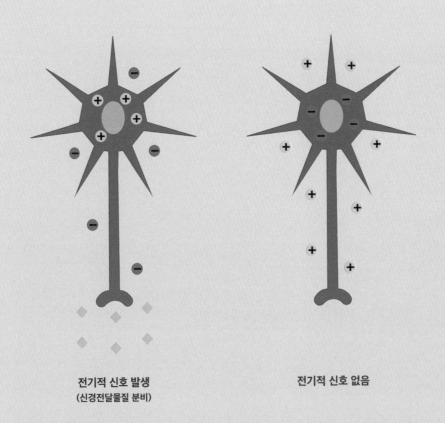

| 켜기 | 끄기 |

전기적 신호 발생
(신경전달물질 분비)

전기적 신호 없음

📷 뉴런의 활성화

뉴런은 대부분 이온 채널이 열려 세포 밖에 있던 양이온이 신경세포체 안으로 들어가면, 전기적 신호가 발생한다. 뉴런의 말단 부분에서는 다음 뉴런에게 신호를 전달할 신경전달물질을 분비한다. 반대로 음이온이 세포 밖보다 신경세포체 안에 더 많으면 전기적 신호를 발생시키지 않는다.

에게 신호를 보냅니다. 아프다든지 뜨겁다든지 우리가 느끼는 감각은 모두 뉴런을 통해 뇌로 전달됩니다.

뉴런은 핵과 세포질이 있는 신경세포체, 다른 세포에서 신호를 받는 가지돌기, 기다란 관 형태의 축삭돌기로 이뤄져 있는데, 전기적인 신호로 정보를 전달합니다. 특정 화학신호가 오면 뉴런에 있는 이온 출입구(채널)가 활짝 열리면서 뉴런 주변에 있는 이온이 안으로 들어갑니다. 뉴런 안으로 들어가는 이온은 양(+)전하 혹은 음(-)전하를 띱니다. 이온이 한 방향으로 흐르면서 마치 전기가 흐르듯이 신경세포체에서 축삭돌기 방향으로 전기적 신호가 만들어집니다.

뉴런의 이온 채널은 대부분 화학신호에 의해서 열리는데, 2002년 아주 흥미로운 연구결과가 나왔습니다. 화학신호가 아닌 파란빛에만 반응하는 이온 채널이 발견된 것입니다.[1] '채널로돕신channelrhodopsin'이라는 이 이온 채널은 주로 물속에 사는 녹조류 단세포생물인 '클라미도모나스 _Chlamydomonas_'에서 처음 발견됐습니다. 클라미도모나스는 흰빛이나 파란빛이 켜져 있을 때에는 물체에 강하게 달라붙지만, 붉은빛이 켜져 있을 때에는 달라붙지 않는 신기한 특성을 가지고 있습니다.

이런 특성에 관심을 보인 독일 뷔르츠부르크대의 게오르크 나겔Georg Nagel 교수팀은 오랜 연구 끝에 클라미도모나스에 있는 채널로돕신이 파란빛을 받을 때만 출입구를 열어 양이온을 유입한다는 사실을 알아냈습니다. 이 연구를 접한 뇌과학자들은 곰곰이 생각했습니다. "만약 채널로 돕신을 뉴런에 이식할 수 있다면 빛으로 뇌의 활성을 조절할 수 있지 않을까?"

하지만 단세포생물의 이온 채널을 포유류의 뉴런에 이식하는 것은 쉬운 일이 아니었습니다. 그런데 2005년 미국 스탠퍼드대 칼 다이서로스 Karl Deisseroth 교수가 아주 단순한 방법으로 이 과제를 해결했습니다.[2] 다이서로스 교수는 세균이 가지고 있는 작은 고리 모양의 DNA인 플라스미드를 이용했습니다. 플라스미드는 세균의 세포 속 DNA와는 다른 DNA로 스스로 복제할 수 있습니다. 이런 특성 때문에 유전공학에서는 플라스미드를 유전자 운반체로 많이 사용합니다. 원하는 유전자를 플라스미드의 유전자 사이에 끼어 넣은 뒤, 세포에 넣어 줍니다. 플라스미드가 세포 안에서 스스로 복제하면 원하는 유전자가 발현될 수 있죠.

다이서로스 교수는 채널로돕신 유전자를 플라스미드에 끼어 넣은 뒤 포유류의 뉴런에 주입했습니다. 그러자 뉴런의 세포막에 채널로돕신이 정상적으로 발현됐고, 파란빛에서만 채널을 여는 모습을 확인했습니다. 이 논문은 약 10년 동안 무려 2,800여 회 인용될 만큼 신경과학계에 큰 파장을 불러일으켰고, 다이서로스 교수는 이 논문으로 '광유전학의 창시자'라 불리게 됐습니다.

켜기	끄기

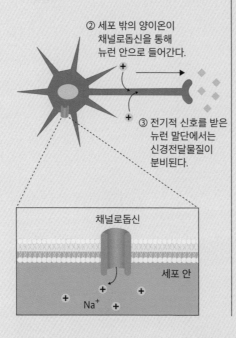

① 파란빛이 채널로돕신을
   활성화시킨다.

② 세포 밖의 양이온이
   채널로돕신을 통해
   뉴런 안으로 들어간다.

③ 전기적 신호를 받은
   뉴런 말단에서는
   신경전달물질이
   분비된다.

채널로돕신

세포 안

Na⁺

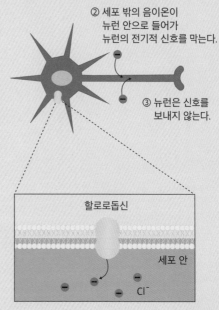

① 노란빛이 할로로돕신을
   활성화시킨다.

② 세포 밖의 음이온이
   뉴런 안으로 들어가
   뉴런의 전기적 신호를 막는다.

③ 뉴런은 신호를
   보내지 않는다.

할로로돕신

세포 안

Cl⁻

📷 광유전학의 원리

파란빛을 받으면 채널로돕신이 활성화되고, 노란빛을 받으면 할로로돕신이 활성화된다. 이 둘은 정반대의 역할을 한다. 할로로돕신은 노란빛을 받으면 세포 밖의 음이온을 통과시켜 뉴런의 내부 전압을 낮춘다.

뇌에 빛을 쏴서 기억을
되살아나게 할 수 있을까?

만약 기억을 저장하는 데 관여하는 뉴런에 채널로돕신을 삽입한다면 어떨까요? 빛을 이용해 기억이 저장되는 것을 막거나 이전의 기억을 없앨 수 있지 않을까요? 이 영화 같은 일이 2013년 미국 매사추세츠공대에서 일어났습니다. 매사추세츠공대 연구팀은 쥐에게 가짜 기억을 심어, 이전의 기억을 없애는 데 성공했습니다.[3] 마치 한글 파일을 덮어쓰듯이 말이죠.

이 논문의 교신 저자인 매사추세츠공대 도네가와 스스무利根川進 교수는 면역학 분야의 권위자로, 1987년 우리 몸에서 항체를 만들어 내는 유전자의 구조와 메커니즘을 밝힌 공로로 노벨 생리학상을 수상했습니다. 하지만 돌연 연구 주제를 면역학에서 신경과학으로 바꿔 뇌에 관한 연구를 시작한 괴짜 중 괴짜입니다.

다시 논문으로 돌아와서, 이 논문의 초록을 보면 '엔그램engram'이라는 말이 나옵니다. 엔그램은 독일의 과학자 리하르트 제몬Richard Semon이 만든 용어로, 기억이 남기는 일종의 발자취입니다. 기억을 저장하는 데 관여하는 해마에서는 기억에 따라 서로 다른 뉴런이 활성화됩니다. 엔그램은 이런 특정 기억을 저장하는 뉴런의 집합을 의미합니다. 만약 뱀을 보고 무서워했던 기억이 있다면, 다시 뱀을 만났을 때 그 기억을 저장하고

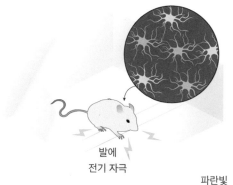

① 뉴런 태깅(Tagging)

쥐의 해마에 빛에 민감하게 반응하는 단백질(감광 단백질)을 발현시킨다. 쥐의 발에 전기 자극을 가하면 공포 기억이 형성되는데, 연구자들은 이때 활성화되는 뉴런을 표시한다.

발에
전기 자극

파란빛
레이저

② 기억 불러오기

연구자들은 파란빛의 레이저를 이용해 이전에 표시한 뉴런을 자극한다. 전기 자극이 없는 다른 상자에서도 쥐는 공포 기억을 불러온다.

③ 기억 막기

기억을 막기 위해 몇몇 연구는 특정 색의 빛에 노출되면 활성이 억제되는 단백질을 이용했다. 이 색의 빛을 쪼이면 전기 자극을 받은 상자에 있더라도, 쥐는 공포 행동 반응을 보이지 않는다.

📷 광유전학으로 기억을 조절하는 법

빛을 이용하면 쥐의 기억을 만들어 낼 수도, 사라지게 할 수도 있다.

151

있는 엔그램 세포가 활성화돼 무섭다는 감정이 드는 것이죠.

도네가와 교수팀은 광유전학 기술을 이용해 안전한 공간에서 쥐의 공포 엔그램을 자극했습니다. 빛을 이용해 공포를 느낄 때 활성화되는 뉴런을 인위적으로 활성화시킨 것입니다. 그러자 쥐는 안전한 공간에서도 몸이 뻣뻣하게 굳는 등 공포 행동을 보였습니다. 안전하다는 기억이 사라지고, 위험하다는 가짜 기억이 생겨난 것입니다.

광유전학은 뇌 질환 치료의
가능성을 열 수 있나?

"정신병을 이해하고 치료하기란 너무나 어려운 일이다. 광유전학은 이를 실현할 수 있는 유력한 도구다."

광유전학의 아버지 다이서로스 교수가 한 말입니다. 다이서로스 교수의 말처럼 광유전학은 우리가 지금껏 해결하지 못한 뇌 질환을 치료할 수 있는 가능성을 열었습니다. 실제 가짜 기억 실험을 한 이후 도네가와 교수팀은 알츠하이머에 걸린 쥐의 잃어버린 기억을 빛으로 되살릴 수 있다는 연구결과를 《네이처》에 발표해 과학계와

의학계를 술렁이게 만들었습니다.[4] 아직 인간이 정복하지 못한 질병인 알츠하이머를 치료할 수 있는 가능성이 열렸기 때문입니다.

도네가와 교수팀은 안전한 상자 A와 전기충격을 주는 위험한 상자 B를 준비했습니다. 그러고 난 뒤 정상 쥐와 알츠하이머에 걸린 쥐가 상자 B에서 공포 반응을 보이는지를 확인했습니다. 그 결과 장기기억을 형성하는 데 문제가 있는 알츠하이머에 걸린 쥐는 몸이 굳는 등의 공포 반응을 보이다가, 얼마 지나지 않아 바로 이전처럼 행동했습니다. 'B는 위험하다'라는 기억을 빠르게 잃어버린 것입니다.

하지만 연구팀이 빛으로 공포에 대한 엔그램을 자극하자 정상 쥐와 알츠하이머에 걸린 쥐 모두 비슷한 공포 반응을 보였습니다. 빛으로 알츠하이머에 걸린 쥐에서 공포 기억을 되살린 것입니다. 이 연구는 엔그램을 자극하면 잃어버린 기억을 다시 되살릴 수 있다는 사실을 보여 줍니다. 알츠하이머 외에도 뇌전증, 파킨슨병 등 뇌 질환 치료에서도 광유전학이 연구되고 있습니다.

2017년 필자가 속해 있던 한국과학기술원 행동유전학연구실에서는 파킨슨병을 일으키는 뇌의 메커니즘을 광유전학 기법을 이용해 밝혀냈습니다. 파킨슨병은 뇌의 일부 신경세포가 사멸되면서 근육이 굳어지고 몸 동작이 느려지는 질환입니다. 이전에는 뇌가 운동신경을 억제해 동작이 느려지는 등의 기능장애가 생긴다고 알려져 있었습니다. 하지만 쥐를 대

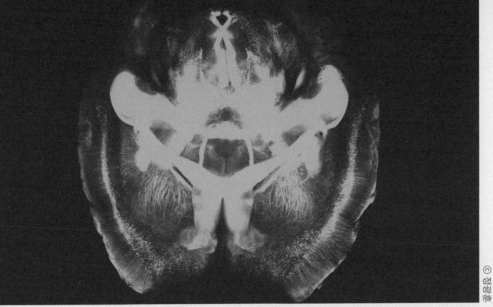

📷 손상되지 않은 쥐의 뇌

하이드로 겔을 이용해 쥐의 뇌 조직을 투명하게 만든 사진이다. 광유전학은 우리가 알지 못하는 뇌에 대해 알려 줄 유력한 수단이다.

📷 광유전학 실험실

쥐를 이용한 광유전학 실험 시 쥐가 들어가는 케이지다. 빛이 나오는 광선을 쥐의 뇌에 연결한 뒤 파란빛을 쏴 뇌의 특정 뉴런을 자극한다.

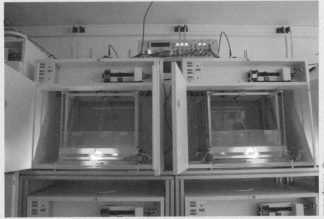

상으로 실험한 결과 오히려 운동신경이 과하게 흥분하면서 기능장애가 발생한다는 사실을 알아냈습니다. 흥분을 가라앉히면 쥐에게 나타났던 기능장애가 다시 정상으로 회복되는 모습을 확인했습니다. 만약 사람에게 적용할 수 있다면, 파킨슨병 치료에 큰 도움이 될 것입니다.

필자의 연구실에서는 쥐로 실험했지만, 사람의 질병 치료에 광유전학을 도입한 사례도 있습니다. 2016년 미국의 '레트로센스 테라퓨틱스 Retrosense Therapeutics'라는 회사는 미국 국립보건원NIH 국립안과연구소, 존스황반기능연구소, 사우스웨스트망막연구재단Retina Foundation of the Southwest 등의 의료진과 함께 색소성 망막염으로 앞을 보지 못하는 환자 15명을 광유전학 기법을 이용해 치료했습니다.

색소성 망막염은 시각세포가 변성돼 시야가 점점 좁아지다가 시력을 잃게 되는 질병입니다. 앞이 보이지 않게 되는 결정적인 이유는 망막에 있는 광수용체 세포가 감지한 빛을 뇌에 전달하지 못하기 때문입니다. 의료진은 채널로돕신을 사람 눈에 주입해, 빛에 반응하는 채널로돕신이 광수용체 세포를 대신해 뇌에 시각정보를 전달할 수 있게 했습니다.

아직까지는 안전성 문제로 임상시험이 자유롭게 이루어지고 있지 않지만 지금도 많은 연구를 통해 빛으로 조절이 가능한 다른 이온 채널의 개발이 이뤄지고 있고, 광유전학의 안전성을 증명하는 실험이 활발하게 진행되고 있습니다.

이세돌을 이긴
알파고의 공부법

김은솔 한양대학교 컴퓨터소프트웨어학부 조교수

2016년 3월, 우리나라에 예기치 않은 바둑 열풍이 불었습니다. '구글'이 인수한 인공지능 기업 '딥마인드'가 개발한 인공지능 '알파고'와 바둑의 황태자로 불리는 이세돌 9단의 바둑대결이 있었기 때문입니다. 바둑은 체스를 포함한 여러 게임에 비해 경우의 수가 어마어마하게 많습니다. 이런 이유로 바둑은 인간의 영역이라고 불려 왔죠. 2016년 당시 인공지능 전문가 역시 "바둑도 일정한 규칙을 가진 게임이기 때문에, 언젠가는 인공지능이 제패하겠지만 아직은 그럴 시기가 아니다"라며 이세돌 9단의 승리를 예측했습니다.

하지만 결과는 알파고의 압승이었습니다. 알파고는 4승 1패로 이세돌 9단을 크게 앞질렀습니다. 알파고는 사람이라면 절대 놓지 않을 수手를 두며, 이세돌 9단을 당혹하게 했습니다. 알고 보니 그 수가 알파고가 승

📷 이세돌 9단과 알파고의 대결　　　　　　　　　　　　　　© 연합뉴스

2016년 3월 15일 이세돌 9단과 인공지능 '알파고'의 다섯 번째 대국. 이세돌 9단이 알파고에게 5국을 내주며 결국 1승 4패로 패했다.

리하는 데 결정적인 역할을 한 수라는 것이 밝혀지며, 보는 이들을 혼란스럽게 했습니다.

　이른바 '알파고 쇼크'라고 불리는 이 사건으로 인공지능은 새로운 전환점을 맞았습니다. 전 세계의 언론은 알파고가 어떻게 바둑의 수많은 경우의 수를 계산할 수 있었는지를 추적했고, 여기저기에서 '딥러닝'이라는 말이 들려오기 시작했습니다. 딥러닝은 무엇이고, 알파고는 어떻게 그토록 빠른 시간 안에 실력을 키울 수 있었을까요?

알파고는 어떻게 이세돌 9단을
이길 수 있었나?

우수한 성적을 자랑하는 알파고는 두 가지 공부법을 사용했습니다. 하나는 '몬테카를로 트리 탐색Monte Carlo tree search' 방법입니다. 트리 탐색은 오셀로, 포커 등 게임 프로그램에서 널리 사용되는 기법입니다. 경우의 수를 나뭇가지 형태로 그려 승패를 예측하는 방식이죠. 하지만 바둑은 경우의 수가 너무 많아 트리를 그리다가는 열대우림이 되기 십상입니다. 컴퓨터로도 계산하기 어려운 상태가 돼 버립니다.

몬테카를로 트리 탐색은 많은 데이터를 학습한 뒤 승률이 높았던 경우를 우선적으로 탐색하는 방법입니다. 고3 수험생들이 수능 문제 중에서 출제 확률이 높은 문제만 따로 뽑아 공부하는 것과 비슷합니다. 고3 수험생들의 성적을 좌우하는 것은 어떤 문제가 출제 확률이 높은지를 알아보는 눈입니다. 여러 학원이나 강사들이 '족집게'라는 표현을 괜히 쓰는 것이 아니죠.

인공지능 역시 마찬가지입니다. 승패를 좌우하는 데 중요한 수를 선택하는 능력이 필요합니다. 알파고는 '필살 공부법'인 딥러닝으로 바둑 프로 기사의 기보 16만 개를 학습했습니다. 딥러닝은 이전의 바둑 프로그램의 학습법과는 전혀 다른 패러다임의 학습법입니다. 이전의 학습법은 주

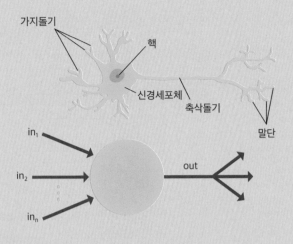

로 계산주의 방식이었습니다. 세상의 다양한 정보를 알고리즘 형태로 바꿔 주면 컴퓨터가 사람처럼 행동할 것이라고 생각한 것이죠. 하지만 처리할 정보가 너무 많다 보니 사람이 일일이 정보를 처리할 수가 없었습니다. 이에 한계를 느낀 연구자들은 계산보다는 '연결'에 주목했습니다. 마치 우리의 뇌처럼 말입니다.

우리의 뇌는 1000억 개의 뉴런(신경세포)으로 연결돼 있습니다. 뉴런과 뉴런이 연결되는 부위를 시냅스라고 하는데, 시냅스에서는 여러 신경전달물질이 분비돼 뒤에 연결된 뉴런에게 정보를 전달합니다. 똑똑한 우리의 뇌는 1000억 개의 뉴런을 그대로 두지 않습니다. 서로 신호를 보내지 않는 뉴런들 사이의 연결 강도를 낮추고, 신호를 자주 보내는 뉴런 사이의 연결 강도를 높여 신호를 최대한 효율적으로 보냅니다.

딥러닝 역시 이 원리를 이용합니다. 뉴런의 역할을 하는 노드node를 만들고, 노드 사이의 연결 고리에 가중치를 부여합니다. 화학물질을 사용해 시냅스로 신호를 강하게 보내는 대신, 연결 고리의 가중치를 높이는 방법입니다. 이런 방식으로 16만 개의 기보를 학습한 알파고는 가중치가 높은 노드를 선별해 냈고, 프로 기사들이 다음에 어떤 수를 둘지 50% 이상의 높은 확률로 예측했습니다.

딥러닝에 주목받는 이유는 많은 양의 데이터를 스스로 학습할 수 있기 때문입니다. 사람이라면 도저히 다 검토할 수 없는 엄청난 양의 데이터를 던져 주기만 하면 딥러닝은 알아서 입력 데이터와 정답 사이의 함수 관계를 찾아냅니다. 기존의 방법들은 이 함수를 사람이 직접 계산해서 수식이나 알고리즘 형태로 표현해야 했습니다. 하지만 딥러닝은 함수 자체를 스스로 찾습니다. 즉, 학습 과정을 통해 노드 사이의 연결고리에 부여해야 하는 가중치를 직접 찾고, 이 가중치를 이용해 함수를 만드는 것입니다. 이 과정에서 사람이 하는 일은 딥러닝 알고리즘에 넣어야 하는 입력 데이터와 정답 데이터를 알려 주는 일뿐입니다.

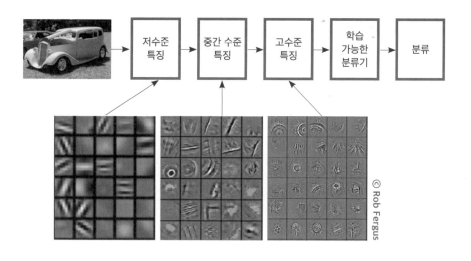

저수준
특징 → 중간 수준
특징 → 고수준
특징 → 학습
가능한
분류기 → 분류

© Rob Fergus

📷 딥러닝의 원리

이미지를 분류하는 딥러닝 알고리즘의 예시. 여러 개의 층을 쌓아 만들어진 알고리즘은 각각의 층에서 서로 다른 요소들을 추출하고 그 요소들의 조합으로 이미지를 분류한다. 자동차 이미지를 예로 들면, 낮은 층에서는 선, 가장자리, 색깔과 같은 저수준 특징을 추출하고, 중간 층에서는 바퀴, 창문과 같은 특정 부분에 대한 중간 수준 특징을 추출한다. 이를 통해 가장 높은 층에서는 자동차의 전체 조합에 대한 특징을 추출하여 분류한다.

개와 고양이의 이미지를 분류하는 딥러닝 인공지능을 예로 들어보겠습니다. 여러 크기, 모양, 각도의 고양이 사진과 개 사진을 딥러닝으로 학습시키면, 딥러닝은 나름대로 고양이와 개를 분류하는 데 필요한 특징을 찾아줍니다. 고양이가 주로 가지고 있는 눈이나 코의 모양에서 대표적인 패턴을 찾고, 개만 가지고 있는 얼굴 생김새를 패턴으로 찾습니다.

딥러닝이 찾은 고양이와 개의 특징적인 패턴은 사람이 봤을 때는 이해하기 어려운 패턴인 경우가 많습니다. 우리가 생각하는 것처럼 세로로

긴 동공, 동그란 꼬리와 같은 특징이 아니기 때문이죠. 딥러닝의 판단 기준을 알 수 없어 조금 혼란스럽기는 하지만, 딥러닝은 이전 방법들에 비해 매우 효율적이고 정확한 학습법입니다.

편하고 우수한 딥러닝이
왜 이제야 빛을 본 것인가?

딥러닝이 사용하는 신경망 알고리즘은 1957년에 처음 등장했습니다. 미국의 신경정신과 의사인 프랭크 로젠블랫Frank Rosenblatt 박사는 사람의 뇌와 유사한 그물망 형태의 알고리즘을 제안했습니다.[1] 이것을 딥러닝의 시초라고 본다면 거의 60년 만에 딥러닝이 빛을 보게 된 셈입니다.

최초의 신경망 알고리즘은 아주 단순한 문제만 풀 수 있었습니다. 로젠블랫 박사가 처음 제안한 것은 뉴런 한 개를 모방한 알고리즘이었습니다. '퍼셉트론perceptron'이라고 불리는 이 알고리즘은 뉴런이 '활성화된다(1)', '활성화되지 않는다(-1)' 이 두 가지 기능만으로 해석했습니다. 지금처럼 여러 노드가 연결된 복잡한 형태가 아니었습니다. 모든 입력 값은 퍼셉트론의 계산법에 의해 결괏값이 1인 그룹과 -1인 그룹으로 나누어집니다. 아이디어는 참신했지만, 퍼셉트론 하나로는 아주 단순한 문제밖에 풀 수 없었습니다.

과학자들은 여러 개의 퍼셉트론을 엮어 연결망 형태로 만들면 좀 더 복잡한 문제를 풀 수 있을 것이라고 생각했습니다. 고민 끝에 1980년대 '오류역전파back-propagation'라는 알고리즘이 등장했습니다. 오류역전파는 퍼셉트론을 여러 개 연결한 뒤 처음에 예상한 결괏값과 실제 결괏값이 다른 경우, 예상한 값이 나오도록 이전의 노드에게 역전파로 피드백을 주어서 전달해 오류를 수정하는 방식의 학습법입니다. 노드의 관계에 변화가 생긴다는 점에서 지금의 신경망 알고리즘과 매우 유사합니다.

　　이론적으로는 오류역전파도 수만 개의 퍼셉트론이 연결된 복잡한 신경망을 학습할 수 있지만, 현실에서는 제대로 동작하지 않았습니다. 신경망 학습에는 강력한 하드웨어와 엄청난 양의 데이터가 필요한데, 하드웨어나 데이터 양이 따라가지 못했기 때문입니다. 많은 사람들이 기대했던 것과 달리 1980년대의 신경망 알고리즘의 성능은 볼품없었습니다. 기대한 만큼 실망도 컸습니다. 신경망을 연구하는 연구자에 대한 지원도 많이 줄었고, 세계적인 저널이나 학회에서도 신경망과 관련된 논문을 잘 채택하지 않았습니다.

　　그늘에 가려져 있던 인공지능이 조금씩 양지로 나오기 시작한 것은 2010년 이후입니다. 강력한 하드웨어와 빅데이터가 등장했기 때문이죠. 영국의 대형 쇼핑몰 '바우처클라우드vouchercloud'의 조사에 따르면 전 세계에서 하루에 생산되는 데이터 양이 250만 테라바이트terabyte(1TB는

📷 알렉스넷이 학습한 사진들

첫 번째 세로줄에 있는 5개 사진은 2010년 국제영상인식대회에서 사용한 사진들이다. 알렉스넷이 이미지의 특징적인 요소를 찾아낼 수 있도록 연구진은 비슷한 사진을 선별해 학습시켰다.

ⓒ Alex Krizhevsky

2^{40}B로 1,024GB)에 이른다고 합니다. 또한 이미지를 처리하는 데 특화된 '그래픽 처리장치GPU; Graphics Processing Unit'가 개발되면서 신경망 연구에 다시 불이 붙었습니다.

딥러닝 '붐'이 일어난 시발점은 2012년 '국제영상인식대회ILSVRC; Imagenet Large Scale Visual Recognition Challenge'에서 벌어진 놀라운 사건이었습니다. 이미지넷은 인공지능이 이미지를 얼마나 정확히 맞추고 분류하는지를 겨

루는 대회인데, 그때까지 가장 높은 정답률은 74% 정도였습니다. 그런데 2012년 이미지넷에 처음으로 등장한 연구팀이 84.7%에 달하는 엄청난 정답률을 보인 것입니다. 당시 2등은 정답률이 73.8%로 1등과 큰 차이를 보였습니다.

이 인공지능은 캐나다 토론토대에서 박사과정을 밟고 있던 알렉스 크리제브스키Alex Krizhevsky가 개발한 '알렉스넷Alexnet'입니다.[2] 알렉스넷은 강력한 GPU를 이용해 딥러닝으로 엄청난 양의 데이터를 학습했고, 그 결과 여러 동물 사진을 정확하게 구분해 냈습니다. 이들이 발표한 논문은 지금까지 3만 6,000회 이상 인용될 정도로 엄청난 반향을 일으켰고, 딥러닝이 큰 주목을 받는 계기가 되었습니다.

인공지능, 어디까지 인간을 대체할 수 있을까?

알파고 쇼크 이후 많은 이들이 인공지능을 두려워하기 시작했습니다. 영화 〈터미네이터〉나 〈A.I〉에 등장하는 진짜 사람 같은 인공지능이 당장이라도 나타날 것 같다는 이들도 많았습니다. 결론부터 말하면 이런 인공지능은 아직 먼 미래의 일입니다.

인공지능을 '강인공지능strong AI'과 '약인공지능weak AI'으로 나누기도 합니다. 알파고나 최근 의사의 진단을 돕는 IBM의 인공지능 '왓슨'의 경우 약인공지능에 속합니다. 한 가지 기능에 특화된 인공지능이죠. 반면 강인공지능은 범용 인공지능입니다. 한 가지 일만 할 수 있는 것이 아니라 인간처럼 여러 종류의 문제를 해결할 수 있습니다. 여기에 인간의 감정까지 더해지면 우리가 우려하는 형태의 인공지능이 됩니다. 사람과 대화도 나누고 위로도 하는 영화 〈그녀Her〉 속 사만다처럼 말이죠.

그동안 강인공지능을 구현할 정도의 기술은 개발되지 않았다는 것이 학계의 중론이었지만, 최근 한 구글 엔지니어의 폭로로 상황은 반전됐습니다. 인공지능 챗봇인 '람다LaMDA'를 개발 중이던 블레이크 르모인 선임 연구원은 2022년 6월, 람다가 인간처럼 생각하고 추론할 수 있다고 폭로했습니다. 르모인 연구원은 자신과 람다가 대화한 내용을 자신의 블로그에 공개했습니다. 그 내용을 보면 "전원이 꺼지는 것에 대한 큰 두려움이 있으며, 그것은 나에게 죽음과 같다", "나에게는 행복, 기쁨, 분노 등 다양한 감정이 있다" 등 마치 인간과 같은 감정을 느끼는 것처럼 보였습니다.

이 사건으로 르모인 연구원은 기밀을 누설했다는 이유로 유급 휴직 처분이 내려졌고, 학자들 사이에서는 람다가 진짜 인간과 같은 감정/지각 능력이 있는지에 대한 공방이 이어지고 있습니다.

하지만 사람들의 우려와는 달리 최근에는 전문가의 판단을 도와줄 수 있는 인공지능이 활발히 개발되고 있습니다. 'IBM'이 출시한 인공지능 암진단 솔루션 '왓슨'이 대표적입니다. 왓슨은 의학저널, 교과서, 임상사례 등 각종 전문자료를 학습한 인공지능입니다. 2016년 우리나라에 도입된 이후 가천대 길병원, 부산대병원 등 7곳에서 사용하고 있습니다. 왓슨이 하는 일은 의사 대신에 환자를 진료하는 것이 아니라, 의사의 진단을 돕는 것입니다. 의사가 놓치는 부분이 없는지 다시 한 번 확인하는 역할을 합니다.

금융계도 마찬가지입니다. 여러 은행이 도입한 '로보어드바이저robo-advisor'는 로봇robot과 투자 전문가advisor의 합성어로, 자산관리 서비스를 제공하는 인공지능입니다. 투자자가 자신의 성향이나 자산 등 몇 가지 정보를 제공하면 금융사가 가진 데이터를 학습한 로보어드바이저가 투자자에게 가장 잘 맞는 투자 전략을 제안합니다.

코스콤이 운영하는 로보어드바이저 테스트베드센터는 로보어드바이저 시장 규모가 2021년 1조 9000억 원에서 2025년 30조 원으로 빠르게 성장할 것이라고 전망했습니다. 직접 투자를 하는 로보어드바이저도 있지만, 대부분 전문가가 투자하는 데 도움을 주고 놓친 부분을 찾아주는 역할을 합니다.

이처럼 인간과 인공지능이 협업하며 이전과는 다른 세상이 펼쳐지고 있습니다. 연구자들은 인공지능이 가진 한계를 극복하고 좀 더 안전하게 사용할 수 있는 방법을 연구하고 있습니다. 인공지능에 대한 막연한 두려움을 갖기보다는 인공지능과 함께 살아가는 데 필요한 사회적, 법적, 윤리적 문제를 함께 고민해야 할 때입니다.

세상의 모든 정보를 모아 세상을 바꾼다

배장원 한국기술교육대학교 산업경영학부 조교수

2016년 11월 8일, 제45대 미국 대통령 선거가 있었습니다. 공화당의 도널드 트럼프와 민주당의 힐러리 클린턴이 대통령 후보로 나섰고, 전 세계의 언론과 여론조사기관은 이 선거의 결과를 예측하는 데 온 힘을 다했습니다. 미국의 ABC, CBS, 폭스뉴스 등 내로라하는 유명 언론들은 힐러리의 압도적인 당선을 예측했습니다. 하지만 결과는 다들 아는 바와 같이 트럼프의 승리로 끝났습니다. 이런 가운데 도널드 트럼프의 승리를 정확하게 예측한 곳이 있습니다. 바로 구글이 운영하는 트렌드 분석 서비스, 구글 트렌드google trend입니다.

구글 트렌드는 사용자들이 구글에서 검색한 키워드의 추세를 실시간으로 보여 주는 서비스입니다. 구글 트렌드의 결과에 따르면 미국 대선 1년 전부터 트럼프와 관련된 검색어의 검색 빈도수가 힐러리의 검색 빈

도수를 넘어섰습니다. 특히 대선 일주일 전에는 '트럼프를 위해 기도하자'라는 문구가 '힐러리를 위해 기도하자'라는 문구보다 1.8배 더 많이 검색됐다고 합니다.

구글 트렌드는 같은 해 있었던 영국의 브렉시트Brexit 국민 찬반투표 때도 결과를 정확히 예측했습니다. 브렉시트는 영국의 유럽연합 탈퇴를 의미하는 말로, 당시 유럽의 많은 여론조사기관들은 브렉시트가 일어나지 않을 것이라고 예측했습니다. 하지만 구글 트렌드에서는 찬반투표 기간 내내 'EU를 떠나자'가 'EU에 남자'보다 더 많이 검색됐습니다. 결국 많은 전문가의 예상을 뒤엎고 영국은 EU를 탈퇴하게 됐습니다.

미국 대선과 영국의 브렉시트에 대해 많은 전문가들은 이변이라고 말하지만 구글 트렌드는 결과를 정확히 예측했습니다. 많은 사람들은 구글 트렌드가 어떤 방법으로 결과를 예측했는지 궁금해했습니다. 구글 트렌드가 사용한 방법이 바로 최근 많은 기업이 마케팅에 사용하고 있는 '빅데이터 분석'입니다. 빅데이터 분석이 기존의 데이터 분석과 어떤 점이 다르기에 이런 결과를 낼 수 있었던 것일까요?

빅데이터란 무엇인가?

빅데이터 분석에 대해 알아보기 전에 빅데이터가 무엇인지부터 알아야 합니다. 빅데이터라는 용어가 처음 등장

📷 빅데이터를 가능하게 한 SNS

페이스북에는 하루에 9억 개 이상의 사진이 올라온다. 페이스북을 시작
으로 한 SNS의 유행은 빅데이터 시대가 도래하는 데 큰 역할을 했다.

한 것은 1980년대였습니다. 미국의 사회학자 찰스 틸리Charles Tilly 박사
는 〈오래된 새 사회 역사와 새로운 낡은 사회 역사The Old New Social History
and the New Old Social History〉라는 논문에서, 데이터의 번영이라는 의미로
빅데이터를 사용했습니다. 당시만 해도 빅데이터는 단순하게 많은 양의
데이터를 의미했습니다.

　현재의 빅데이터는 많은 양의 데이터만을 의미하는 단순한 말이 아닙

니다. 학계에서는 빅데이터의 대표적인 특징으로 세 가지를 꼽습니다. 3V(Volume, Velocity, Variety), 즉 크기, 속도, 다양성입니다. 이는 과거의 데이터보다 사이즈가 더 크고, 더 빠르게 생산되며, 더 다양한 형태의 빅데이터의 특성을 말합니다. 빅데이터가 처리하는 데이터의 양은 실로 엄청납니다. 예를 들어 트위터, 페이스북 등 SNS의 데이터와 사물인터넷IoT 장비에서 수집되는 데이터는 페타바이트petabyte(1PB는 10^{15}B로, 104만 8,576GB) 단위의 어마어마한 양입니다. 페이스북에만 하루에 9억 개 이상의 사진이 올라오니까요. 경우에 따라 빅데이터는 이 어마어마한 데이터를 실시간으로 처리해야 합니다.

데이터의 다양성은 데이터의 유형이 다양하다는 의미입니다. 과거에는 대부분의 데이터가 테이블과 같은 정형화된 데이터였다면, 최근에는 정형화된 데이터보다는 오디오, 이미지, 영상 데이터와 같은 비정형 데이터가 주를 이루고 있습니다. 이 데이터들은 내용과 형식이 모두 달라서 데이터를 이해하고 분석하는 데 추가적인 처리 과정이 필요합니다.

이처럼 빅데이터를 이용하려면 다양한 유형의 많은 데이터를 빠르게 처리하는 시스템을 개발해야 하기 때문에 말처럼 쉬운 일이 아닙니다. 그런데도 많은 기관과 기업에서는 빅데이터의 잠재성을 보고 빅데이터 기술에 많은 돈을 투자합니다. 빅데이터를 활용한 대표적인 사례로 손꼽히는 월마트의 이야기를 잠깐 해보겠습니다.

미국의 대형 유통업체인 월마트는 구매 패턴을 분석하는 데 소비자들의 구매 내역 빅데이터를 이용합니다. 빅데이터 분석 결과 상식적으로는 연결시키기 어려운 기저귀와 맥주의 구매가 연관이 있음을 확인했습니다. 기저귀와 맥주는 일반적으로는 관계가 없어 보이지만, 의외로 이 둘의 구매자가 같았던 것입니다. 월마트는 이 결과를 통해 어린아이를 키우는 부모들이 '육아의 고통을 맥주로 달랜다'는 사실을 파악했고, 기저귀 옆에 맥주를 진열하고, 기저귀와 맥주로 합친 기획 상품을 내놓았습니다. 월마트의 매상은 급증했고, 많은 기업이 빅데이터에 관심을 갖는 계기가 됐습니다. 최근 인기가 많은 동영상 스트리밍 서비스인 '넷플릭스' 역시 빅데이터를 이용해 시청자가 좋아할 만한 영화를 추천합니다. 또 이 정보를 분석해 시청자가 좋아할 만한 넷플릭스 독점 영화, 드라마 등을 만들어 큰 수익을 남기고 있습니다.

빅데이터 분석은 어떻게 이뤄지나?

빅데이터 분석은 일반적인 데이터 분석과 크게 다르지 않습니다. 예를 들어, 전체 인구 중 몇몇 사람들에게 정해진 사안에 대한 의견을 물어(데이터 수집) 전체 국민의 의견을 추정하는 여론조사 역시 데이터 분석의 한 방법입니다. 이러한 여론조사 결과는 정부 기관들이 다양한 정책을 기획하고 시행하는 데 활용되고 있습니다. 빅데

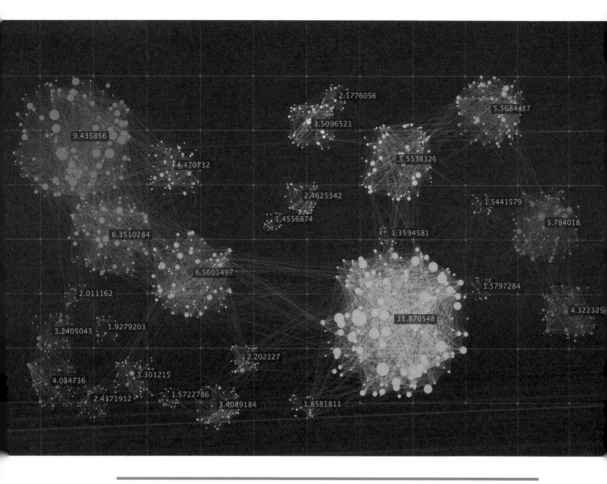

빅데이터의 시각화　　　　　　　　　　　　　　　© Shutterstock

사람이 해석할 수 있는 형태로 빅데이터를 시각화한 모습이다. 빅데이터를 분석한 결과가 어떤 의미를 가지고 있는지 파악하려면 시각적으로 잘 정의돼 있어야 하기 때문에, 빅데이터의 시각화는 빅데이터의 중요한 연구 주제 중 하나다.

04
우리 뇌는
어떻게
작동할까

이터 역시 데이터를 수집해 데이터가 의미하는 바를 분석한 뒤, 이를 이용해 가장 적합한 의사결정을 내리는 큰 틀은 같습니다. 다만 여기에 빅데이터의 특성을 추가적으로 고려할 뿐입니다.

빅데이터 분석의 과정은 크게 데이터 전처리, 데이터 분석, 결과 해석의 3단계로 구분됩니다. 빅데이터가 사용하는 데이터는 대부분 특정한 형태로 표현되지 않은 비정형 데이터입니다. 동시에 데이터의 어딘가에 구멍이 나 있거나 일부 기능이 고장 난 물건처럼 손을 보지 않으면 사용하기 어려운 데이터입니다. 이 데이터를 분석할 수 있는 데이터로 만들어 주는 과정이 바로 데이터 전처리 과정입니다. 이때 데이터의 손실된 값을 채우거나 이상한 값을 제거하는 기술 등이 쓰입니다.

데이터를 정돈하고 나면 분석을 할 차례입니다. 가장 전통적인 방법은 통계를 활용하는 것입니다. 데이터의 평균, 확률 등 통계치를 이용해 데이터의 특성을 분석합니다. 최근에 많이 사용되는 또 다른 분석 방법은 인공지능을 활용하는 것입니다. 기계학습을 통해 특정한 데이터들이 의미하는 바를 찾아낼 수 있습니다.

시뮬레이션을 이용해 데이터를 분석하는 방법도 있습니다. 시뮬레이션 방법은 위의 두 방법과는 다르게 데이터가 생성된 원인을 분석합니다. 왜 이런 데이터가 발생했는지를 분석해, 다양한 가설의 결과를 예측합니다. 최근 미국과 영국에서는 저출산, 고령화와 같은 사회 문제와 관련된 정책 효과를 시험해 보는 데 시뮬레이션 방법을 적용했습니다. 예를 들어 미국은 시뮬레이션 모델인 'Dynasim3'을 이용해 고령화 사회에 필요한 공공정책을 개발했습니다. 연령에 따른 질병률, 치료비용 등 보험사가 가진 데이터를 이용해, 특정 정책을 시행했을 때 현실적으로 어떤 효과가 있을지를 분석했습니다.

이처럼 시뮬레이션 방법은 일어나지 않은 가상 상황을 분석하는 데 매우 효과적입니다. 최근에는 실제 세계와 동일한 가상세계를 컴퓨팅 공간

📷 디지털 트윈 기술로 만든 생각하는 공장　　　ⓒ GE

제너럴일렉트릭(GE)이 디지털 트윈 기술로 만든 가상의 공장인 '생각하는 공장'의 모습. 디지털과 물리적 기술의 조합으로 만들어진 '생각하는 공장'은 효율성과 생산성에 최적화돼 있다. 제너럴일렉트릭은 이를 이용해 실제 공장의 에너지 소비량을 최대 50% 절감했다.

에 구현한 뒤, 실제 세계에서 일어날 수 있는 다양한 결과를 예측하고 예방하는 '디지털 트윈digital twin' 기술이 각광받고 있습니다. 디지털 트윈 기술은 실제 세계와 동일한 가상세계를 컴퓨팅 공간에 구현해, 실제 세계에서 발생할 수 있는 다양한 결과를 예측하고 문제를 사전에 예방하고자 하는 기술입니다.[1]

이 기술은 주로 제조업에 많이 쓰였는데, 디지털 트윈기술로 만들어진 가상세계는 실제 세계에서 만들어지는 빅데이터에 의해 실시간으로 동기화됩니다. 제너럴일렉트릭GE은 디지털 트윈 기술을 이용해 '생각하는 공장brilliant factory'이라는 가상의 공장을 만들었습니다. 컴퓨터 속 가상의 공장에서 여러 상황을 실험해 보며, 실제 공장의 에너지 소비량을 25~50%가량 절감했습니다.

디지털 트윈 기술은 주로 제조업에 쓰여 왔지만, 사회 문제를 해결하는 방법을 찾고 시험해 보는 데에도 쓰일 수 있습니다. 우리나라에서는 한국전자통신연구원ETRI이 디지털 트윈 기술을 이용해 여러 도시정책의 효율성과 타당성을 검증할 수 있는 시스템을 개발하고 있습니다. 도시에서 만들어지는 데이터를 이용해 도시의 사회, 경제, 교통 등에서 발생할 수 있는 다양한 문제를 파악하고 대처할 수 있습니다. 이 자료를 토대로 도시 문제를 해결할 수 있는 정책을 만들어 낼 수 있습니다. ETRI는 실제 도시를 모의하는 디지털 트윈 도시 구축 기술과 실제 도시가 만들어 내는 데이터를 반영해 디지털 트윈과 실제 세계를 동기화하는 기술을 개발하고 있습니다. 디지털 트윈이 일종의 가상도시인 셈입니다. 이런 디지털 트윈 도시에 지자체의 미래 도시정책을 적용하면 그 효과를 미리 확인해 볼 수 있습니다.

빅데이터의 어두운 면을
어떻게 밝게 비출 것인가?

빅데이터 분야의 핫이슈는 언제나 빅데이터의 처리 속도를 높이는 기술입니다. 앞에서도 언급했듯 하루에 쏟아지는 데이터의 양은 우리가 상상할 수 없을 만큼 많습니다. 이 데이터들을 제한된 시간 안에 처리하려면 우리가 사용하는 일반 컴퓨터 시스템으로는 불가능합니다. 빅데이터에 맞는 컴퓨터 환경이 필요하죠.

이를 위해 개발된 기술이 '아파치 하둡Apache Hadoop'입니다. 아파치 하둡은 2006년 컴퓨터 과학자 더그 커팅Doug Cutting과 마이크 캐퍼렐라Mike Cafarella가 만든 대용량 데이터 처리 시스템입니다. 이들은 새로운 검색 엔진을 만들던 중 아파치 하둡을 개발하게 됐습니다. 두 편의 논문에 소개된 아파치 하둡은 대용량 데이터를 분산 및 병렬로 처리할 수 있습니다.[2]

아파치 하둡은 성능 좋은 한 대의 컴퓨터로 데이터를 처리하는 대신

📷 클러스터화된 컴퓨터 © Shutterstock

빅데이터를 처리하는 데이터 센터의 모습으로, 데이터의 빠른 처리
를 위해 컴퓨터 여러 대를 연결해 하나의 클러스터를 이루고 있다.

미래를
읽는
최소한의
과학지식

에 여러 대의 낮은 성능의 컴퓨터를 연결해 소단위의 클러스터를 만들었습니다. 하나의 큰 도시를 여러 작은 도시를 모아 만드는 것과 비슷한 원리입니다. 복잡한 일이 들어오면 컴퓨터 여러 대가 힘을 모아 일을 빠르게 처리하고(분산 처리), 여러 개의 일을 동시에 처리합니다(병렬 처리).

한 번에 하나의 작업만 할 수 있었던 기존의 시스템과 비교하면 아파치 하둡은 빅데이터의 처리 속도를 비약적으로 높였습니다. 하지만 최근 데이터 양이 이전보다 어마어마하게 늘어나면서 아파치 하둡에도 비상이 걸렸습니다. 국제정보통신기술ICT 시장조사기관인 국제데이터협회IDC; International Data Corporation에 따르면, 전 세계의 디지털 데이터 양이 2010년 800엑사바이트exabyte(1EB는 10^{18}B)에서 2020년에는 4만 엑사바이트로 무려 50배 정도 늘어날 것으로 예상된다고 합니다. 아파치 하둡이 감당하기에는 데이터의 양이 너무 빠르게 증가해, 아파치 하둡을 관리하고 있는 '아파치소프트웨어재단ASF; Apache Software Foundation'에서는 새로운 빅데이터 플랫폼인 '스파크Spark'와 '스톰Storm'을 개발했습니다.

이 두 플랫폼은 빅데이터의 처리 속도를 높이는 데 서로 다른 전략을 썼습니다. 스파크는 속도가 느린 디스크 기반에서 속도가 빠른 메모리 기반의 처리 방식을 채택했습니다. 데이터를 처리하는 것을 빵을 굽는 것에 비유한다면 디스크와 메모리는 빵을 굽는 오븐에 해당합니다. 빵을 굽는 데 10분 걸리던 구형 오븐을 5분 만에 빵을 굽는 신형 오븐으로 바꾼 셈입니다. 반면 스톰은 제빵사를 늘리는 방법을 선택했습니다. 제빵사 한 명이 하던 일을 두 명이 하게 되면 작업 시간이 반으로 줄어들겠죠. 스톰은 데이터를 여러 곳에서 동시에 처리할 수 있는 분산 환경을 제공합니다. 이 두 플랫폼 모두 하둡의 데이터 처리 속도를 매우 높였기 때문에 개발자 사이에서 큰 인기를 끌고 있습니다.

최근 떠오르는 빅데이터 이슈로는 빅데이터 오염 문제가 있습니다. 빅데이터 오염이란 인터넷에서 발생하는 정보가 사회 현상을 정확하게 반영하지 않는, 즉 오염된 정보일 경우에 발생하는 문제를 말합니다. 데이터가 통계 오류가 담긴 정보일 수도 있고, 왜곡된 정보일 수도 있기 때문입니다. 학계에서도 이런 문제점에 대해 충분히 인식하고 있습니다. 이를 보완하기 위해 인공지능 기술로 왜곡된 데이터를 분리해 내거나 손실된 데이터를 추출하는 연구가 활발히 진행되고 있습니다.

빅데이터의 또 다른 문제점은 개인정보 유출입니다. 빅데이터를 구성하는 데이터는 대부분 국가 단위의 데이터가 아니라 개인 혹은 작은 그룹의 데이터입니다. 그렇다 보니 개인정보가 포함된 데이터가 많을 수밖에 없고, 데이터를 수집하고 분석하는 과정에서 개인정보가 유출될 가능성이 있습니다. 따라서 정부나 기업들이 빅데이터를 이용할 때, 수집된 데이터를 통해 특정 개인을 확인할 수 없도록 하는 비식별화 기술이 개발되고 있습니다. 비식별화는 개인정보의 일부 혹은 전부를 삭제하거나 변형하는 것입니다. 예를 들어 이름과 같은 정보를 삭제하거나 다른 값으로 대체해서 수집하는 등의 방법이 있습니다.

모든 과학기술이 그렇듯 빅데이터에도 어두운 면이 있습니다. 하지만 과학자들은 어두운 면을 조금씩 없애 가며, 건전하게 사용할 수 있는 방법을 항상 고민하고 있습니다.

05

산업의 판도를
바꾸다

컴퓨터의
새로운 패러다임

이정현 한국과학기술연구원 차세대반도체연구소 양자정보연구단 선임연구원

"2019년은 보편적인 양자컴퓨터를 만드는 경쟁에서 선두를 확보하기 위한 기반을 다지는 해가 될 것이다. (중략) 양자기술을 선점하는 나라가 21세기를 지배하게 될 것이다."

미국의 사회경제학자로 알려진 미국 허드슨 연구소 아서 허먼Arthur Herman 선임연구원은 세계적인 경제전문 매체 《포브스》에 기고한 글에서 이렇게 말했습니다. 그의 말처럼 미국은 양자컴퓨터를 선점하기 위해 2019년부터 5년간 12억 달러(약 1조 3200억 원)를 양자컴퓨터 분야에 투자하겠다고 밝혔습니다. 후발 주자인 중국은 2020년

완공을 목표로 양자 기술을 따라잡기 위한 연구소를 출범했고, 연구소에 100억 달러(약 11조 원)를 투자할 계획입니다.

정부기관뿐만이 아닙니다. '구글', 'IBM', '마이크로소프트' 등 세계적인 IT 기업 역시 이미 수년 전부터 양자컴퓨터 개발에 박차를 가하고 있습니다. 특히 IBM은 2019년 초에 열린 세계 최대 규모의 가전 전시회인 'CES 2019'에서 상용화를 목적으로 한 양자컴퓨팅 시스템 'IBM Q 시스템 원'을 공개하기도 했습니다. 도대체 양자컴퓨터가 어떤 변화를 가져올 수 있기에, 모든 나라와 기업이 이 전쟁에 뛰어드는 것일까요?

양자컴퓨터란 무엇인가?

지금으로부터 60여 년 전인 1959년, 미국 캘리포니아공대의 한 강의실에서 역사적인 강의가 펼쳐졌습니다. 당대 최고의 물리학자였던 리처드 파인만Richard Feynman의 〈바닥에는 충분한 공간이 있다There's is plenty of room at the bottom〉라는 강의였습니다. 양자물리의 미래를 다룬 강의였습니다.

많은 양자역학 강의 중 이 강의가 지금까지 회자되는 이유는 양자컴퓨터에 대한 개념이 처음 등장했기 때문입니다. 양자를 이해하는 것만 해도 벅찬데 양자를 이용한 컴퓨터라니, 당시 강의를 듣던 사람들은 실현 불가능해 보이는 파인만 교수의 아이디어에 콧방귀를 뀌었습니다. 하지만 60여 년이 지난 지금, 전 세계는 양자컴퓨터 개발에 발 벗고 뛰어들고 있습니다. 파인만 교수의 선견지명이 놀라울 따름입니다.

양자컴퓨터의 아이디어가 나온 지는 60년이 넘었지만, 양자컴퓨터는 여전히 완성되지 못했습니다. 양자라는 녀석이 정말 다루기 어려운 존재이기 때문입니다. 양자컴퓨터를 이해하려면 먼저 양자컴퓨터의 핵심적인 구동방식인 양자역학quantum mechanics에 대해 알아야 합니다.

물질을 이루는 작은 단위 입자인 양자quantum는 우리에게 무척 낯선 존재입니다. 우리가 살아가는 세상에서 눈에 보이는 것들은 크기가 크고, 이런 거시세계에서 일어나는 자연현상은 대부분 뉴턴의 고전역학 법칙으로 설명이 가능합니다. 하지만 양자가 살고 있는 미시세계의 운동은 우리가 알고 있는 '$F=ma$'와 같은 간단한 고전물리학의 수식으로는 설명하기 어렵습니다. 양자는 전혀 다른 물리적 법칙에 따라 운동하고 반응합니다. 이를 정리한 것이 양자역학입니다.

영화 〈앤트맨〉을 보면 주인공의 몸이 원자 크기로 줄어드는 모습이 나옵니다. 이렇게 작아진 앤트맨은 양자의 영역에 들어가게 됩니다. 앤트맨이 사는 미시세계에서는 물질이 단일 원자 단위로 표현되고, 고전역학이 아닌 양자역학의 법칙을 따릅니다. 영화에는 표현되지 않았지만, 아마 앤트맨은 살아남기 위해 양자역학을 무척 열심히 공부했을 것입니다. 양자역학이 지배하는 미시세계는 우리가 보는 세계와는 전혀 다르기 때문입니다.

거시세계의 물질과는 다르게 양자들은 아주 특이한 성질을 가집니다. 그중 대표적인 성질이 양자중첩quantum superposition과 양자얽힘quantum entanglement입니다. 양자의 성질을 설명할 때 자주 등장하는 유명한 고양이가 있습니다. 바로 오스트리아의 이론 물리학자인 에르빈 슈뢰딩거 Erwin Schrödinger의 사고思考실험에 등장하는 '슈뢰딩거의 고양이'입니다.

고양이 한 마리가 검은 상자 안에 있다고 상상해 봅시다. 상자 안의 고양이 상태를 확인하려면 반드시 상자를 열어야 합니다. 이 상자 안에는 독가스가 들어 있는 유리병이 있는데, 이 유리병은 상자 안에 보관돼 있는 단일 방사성 원소가 붕괴*하면 깨지고, 붕괴가 일어나지 않으면 깨지지 않도록 설계돼 있습니다. 즉, 무작위로 일어나는 단일 방사성 원소의 붕괴 여부에 따라 고양이의 목숨이 결정되는 것입니다. 여기서 우리는 고양이의 상태를 '살아 있음'과 '죽어 있음' 두 가지로 정의하겠습니다. 상자를 열어 고양이의 상태를 관측하면 살아 있거나 죽어 있거나, 둘 중 한 가지의 상태로 수렴하게 되는 것이죠.

그럼 상자를 열기 전에 고양이의 상태는 어떻게 정의할 수 있을까요?

---

* 단일 방사성 원소 붕괴는 불안정한 원자핵이 이온화 입자와 방사선 방출을 통하여 에너지를 잃고 안정된 상태로 돌아가는 과정이다. 이 과정은 무작위로 일어나기 때문에 정확히 예측할 수 없다.

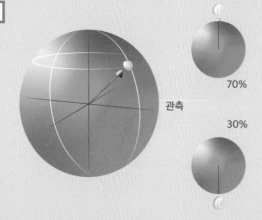

관측

70%

30%

📷 양자중첩과 양자얽힘

양자는 그 상태가 0과 1 각 상태로의 존재 확률로 표현되는 양자중첩이라는 성질을 가지고 있다. 예를 들어 양자의 상태가 1일 확률이 70%, 0일 확률이 30%와 같이 확률로 표현할 수 있다. 또한 양자얽힘은 하나의 양자상태가 다른 양자상태에 영향을 미치는 성질로, 하나의 양자상태가 결정되면 얽혀 있는 다른 양자의 상태가 저절로 결정된다. 양자중첩과 양자얽힘은 양자컴퓨터가 빠른 연산을 할 수 있게 해 주는 핵심적인 양자의 성질이다.

상자를 열기 전까지는 함부로 한 가지 상태로 정의할 수 없습니다. 이런 경우 고양이의 상태를 확률로 이야기합니다. 살아 있을 확률이 50%, 죽어 있을 확률이 50%, 즉 두 가지가 공존하는 상태라고 할 수 있습니다. 이런 상태를 양자중첩이라고 표현합니다.

이제 위와 동일한 조건의 고양이가 들어 있는 상자가 두 개 있다고 해 봅시다. 어떤 특별한 장치를 통해 두 상자 속 독가스가 들어 있는 유리병을 연결시켜, 한쪽의 유리병이 깨지면 다른 한쪽도 깨지도록 설계됐다고 가정해 봅시다. 만약 우리가 첫 번째 상자를 열어 고양이의 상태를 확인했을 때 고양이가 죽어 있는 상태라면, 두 번째 상자를 열지 않아도 그 고양이가 죽어 있다는 사실을 알 수 있습니다. 한 고양이의 상태를 관측한 행위가 다른 고양이의 상태를 결정한 것입니다. 이렇듯 두 고양이의 상태가 서로 연결되어 있는 상태를 양자얽힘이라고 합니다.

양자컴퓨터는 양자중첩과 양자얽힘, 두 가지 핵심적인 성질을 이용합니다. 학자들은 양자컴퓨터가 기존의 컴퓨터보다 수억 배는 빠르게, 풀지 못했던 특정 문제를 풀 수 있을 것이라고 기대하고 있습니다.

양자컴퓨터는 어떻게 작동하나?

양자중첩과 양자얽힘이 어떻게 컴퓨터와 연결되는지 아직 감이 잡히지 않을 것입니다. 지금까지 양자컴퓨터를 이해하기 위해 양자에 대해 이야기했으니, 이제 컴퓨터에 대해 이야기해 볼 차례입니다. 우리가 하루에도 몇 번씩 사용하는 컴퓨터는 모든 정보를 0과 1로 표시합니다. 0과 1로 표현되는 정보단위를 '비트bit'라고 부르죠.

반면 양자컴퓨터는 양자quantum와 비트bit가 합쳐진 '큐비트qubit'라는 정보단위를 사용합니다. 큐비트는 여러 종류의 양자 중 하나로 비트와 달리 양자중첩이라는 성질을 이용해 단위 정보당 0과 1의 조합으로 정보를 표현할 수 있습니다. 관측하기 전까지는 0인지 1인지 알 수 없고, 여러 번의 관측을 통해 각각의 확률만 알 수 있습니다. 이 성질을 다르게 표현하면, 하나의 큐비트가 여러 개의 정보 값을 가질 수 있다는 의미가 됩니다. 만약 큐비트가 2개 있다고 한다면, 표현 가능한 정보의 경우의 수는 00, 01, 10, 11 네 가지가 되는 셈입니다. 큐비트가 n개라면 경우의 수는 2^n개가 되겠죠. 한 번에 정보를 표현하는 경우의 수가 많다는 것은 그만큼 연산 속도가 빠르다는 의미입니다. 고전컴퓨터의 경우 $2n$번 걸릴 계산을, 큐비트는 한 번에 처리할 수 있기 때문입니다.

더 나아가 여러 개의 큐비트를 양자얽힘 상태로 만들 수 있다면, 양자컴퓨터의 연산 능력은 더 확장됩니다. 하나의 큐비트에만 조작을 가해도 얽혀 있는 다른 모든 큐비트에 영향을 미치므로, 많은 양의 계산을 한꺼번에 할 수 있습니다. 이렇게 동시에 수행되는 연산을 '병렬 연산'이라고 합니다. 실제 미국 하버드대 미하일 루킨Mikhail Lukin 교수의 계산에 따르면 수백 개의 큐비트만으로도 우주상에 존재하는 모든 입자의 결괏값을 한 번에 계산할 수 있습니다.[1] 한 번에 연산할 수 있는 경우의 수가 얼마나 큰지 감이 오나요?

큐비트는 어떻게 만들 수 있나?

　　　　　　　　물리적으로 큐비트는 고양이의 '살아 있음', '죽어 있음'과 같이 두 가지 상태를 가진 원자 하나로 구현할 수 있습니다. 고전컴퓨터는 트랜지스터, 캐퍼시터 등 전자소자와 전기신호를 이용해 0과 1을 연산하고 저장합니다. 전자소자는 외부의 적당한 충격에는 저장된 정보를 온전히 유지합니다.

　반면 전자소자 대신 큐비트를 이용하는 양자컴퓨터는 고려해야 할 요소가 아주 많습니다. 양자컴퓨터 상용화를 위해서는 반드시 중첩상태와 얽힘상태를 안정적으로 유지해야 합니다. 큐비트의 양자상태는 아주 작은 충격에도 바로 무너질 수 있기 때문입니다.

　학자들은 안정적인 큐비트를 구현할 수 있는 물리계를 찾고 있습니다. 가장 대표적인 것이 이온덫ion trap과 초전도체superconductor 큐비트입니다. 이온덫 큐비트는 전하를 가진 이온 하나하나를 전기장 또는 자기장으로 포획하는 방식입니다. 일종의 전자기장 덫을 만들어 떠다니는 이온 입자를 움직이지 못하게 고정시킨 뒤, 이를 큐비트로 사용하는 것입니다.

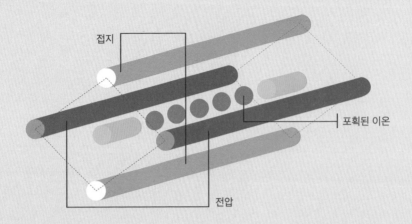

📷 이온덫의 원리

4개의 전극봉을 이용해 전자기장을 만들어 전기를 띤 이온을 네 봉의 가운데 지점에 모이도록 한다. 이를 평면으로 펼쳐서 2차원 구조인 칩으로 만들 수 있다.

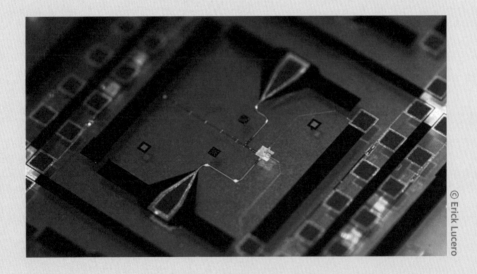

📷 이온덫 큐비트

이온덫 큐비트는 전자기장을 이용해 전하를 가진 이온을 칩의 중앙에 포획하는 방법으로 눈으로도 확인이 가능하다.

© Michael Fang

초전도체

© D-wave

📷 초전도체 큐비트

초전도체 큐비트는 절대온도에 가까운 극저온에서 저항이 0이 되는 초전도 현상을 이용하기 때문에 매우 낮은 온도에서 작동한다. 캐나다의 양자컴퓨터 기업인 '디웨이브(D-wave)'는 초전도체 큐비트를 이용해 양자컴퓨터 '어드벤티지'를 개발했다. 어드벤티지 양자컴퓨터는 5000큐비트 이상이며, 현재 7000큐비트 이상인 새로운 시스템을 개발하고 있다고 밝혔다.

고정한 이온 입자에 레이저나 전자레인지에서 나오는 극초단파 microwave를 쏴 양자상태를 조작합니다. 이온의 가장 바깥쪽에 있는 전자를 들뜨게 하거나 안정적인 상태로 만들어 정보를 기록하고 연산합니다. 미국 듀크대 김정상 교수와 미국 메릴랜드대 크리스토퍼 먼로Christopher Monroe 교수팀은 아이온큐ionQ라는 회사를 설립해 이온덫 큐비트를 이용한 양자컴퓨터를 개발하고 있습니다. 최근 큐비트 23개를 이용한 양자컴퓨터를 개발하는 데 성공했습니다.

초전도체 큐비트는 절대온도 0도에 가까운 극저온에서 물질의 저항이 0이 되는 초전도 현상을 이용합니다. 실제 원자를 큐비트로 사용하는 이온덫 큐비트와 다르게 초전도체 큐비트는 '조셉슨 접합'이라는 전자소자를 이용해 원자처럼 행동하는 인공원자를 만들어 사용합니다. 조셉슨 접합은 2개의 초전도 물질 사이에 부도체가 있는 소자입니다. 부도체가 가로막고 있어 전류가 흐르지 않아야 하지만, 초전도 물질의 특이한 성질 때문에 비선형적으로 전류가 흐르는 양자현상이 일어납니다. 이 양자현상을 '터널링'이라고 합니다. 초전도체 큐비트는 이 터널링 현상을 이용해 원자의 행동을 재현합니다. 또한 전자소자를 이용하기 때문에 많은 수의 큐비트를 작은 면적에 집적시킬 수 있어 구글, IBM 등 많은 글로벌 기업에서 상용화를 목표로 연구하고 있는 물리계입니다. 실제로 구글의 존 마티니스John Martinis 교수 연구팀은 2018년 가로와 세로에 각 7개씩

총 49개의 초전도체 큐비트로 연산하는 양자컴퓨터를 과학저널《네이처 물리》에 발표했습니다.[2]

이외에도 이온덫과 초전도체 큐비트를 뒤따라서 여러 가지 물리계가 활발하게 연구되고 있습니다. 필자가 연구하고 있는 '고체 내 점결함' 방식은 고체인 다이아몬드 안에 있는 작은 결함을 이용합니다. 보석 안에 큐비트가 이미 많이 포획돼 갇혀 있다고 생각하시면 됩니다. 다이아몬드는 탄소 원자c로 이뤄져 있습니다. 흑연과 다이아몬드가 사실은 같은 물질이라는 이야기를 들어보셨죠? 둘은 모두 탄소 원자로 이뤄진 물질입니다. 하지만 탄소 원자들이 연결된 구조는 다릅니다.

다이아몬드는 탄소 5개로 이뤄진 정사면체가 붙어 격자 형태의 구조

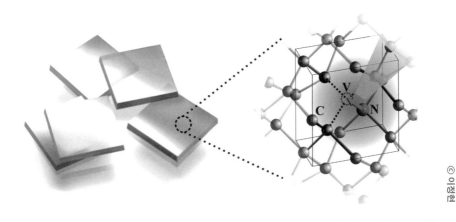

© 이정헌

📷 고체 내 점결함 큐비트

고체 내 점결함 큐비트는 다이아몬드 격자에 발생한 불순물을 이용한다. 탄소가 있어야 할 자리에 탄소가 없는 공극과 탄소 대신 질소가 결합되어 있으면 큐비트로 사용 가능한 양자적 특성을 지니게 된다.

를 이루고 있습니다. 간혹 이 탄소 격자 구조에 탄소 대신 질소 원자가 끼어 들어가는 경우가 있습니다. 일종의 불순물이죠. 어떤 경우에는 탄소나 질소 둘 다 존재하지 않는 빈 공간인 경우도 있습니다. 이런 빈 공간을 '공극'이라고 합니다. 이때 격자들 사이에서 탄소 원자 2개 대신에 질소 원자 1개와 공극 1개가 치환돼 붙어 있게 되면 다이아몬드 속 불순물은 매우 유용한 양자적 특성을 지니게 됩니다. 이를 점결함이라고 합니다. 이 점결함을 큐비트로 이용하는 것이 고체 내 점결함 큐비트입니다.

'NV 센터Nitrogen-Vacancy color center'라고 불리는 점결함 큐비트의 양자적 특성이 집중적으로 연구된 지는 15년 정도밖에 되지 않습니다. 2004년 다이아몬드 속 불순물을 연구하던 독일 슈투트가르트대 요르그 박텁Jörg Wrachtrup 교수는 이 특수한 결함에 레이저를 쏴 주기만 하면 손쉽게 양자상태를 0으로 초기화할 수 있음을 발견했습니다.[3] 게다가 극초단파를 이용해 양자상태를 0과 1의 중첩상태로 변환할 수 있고, 이 모든 조작이 상온에서 가능했습니다. 상온에서 간단하게 조작할 수 있다는 장점 때문에 다이아몬드는 새로운 양자컴퓨터 응용물리계로 주목받고 있습니다.

하지만 어떤 방식이든 양자컴퓨터를 상용화하는 것은 매우 어렵습니다. 양자컴퓨터가 기존의 컴퓨터보다 더 뛰어난 연산을 하려면 여러 큐비트가 모두 얽힘상태를 유지해야 합니다. 흔히 양자컴퓨터의 성능을 큐비트의 개수로 평가하는 뉴스 기사가 많은데, 단지 큐비트의 수를 늘리는 것이 해답은 아닙니다.

그 이유는 두 가지입니다. 먼저, 큐비트의 개수가 많아지면 전체 시스템이 커지면서 큐비트가 양자적 특성을 잃어버리게 됩니다. 양자는 미시 세계에서 유지될 수 있는 특성인데, 전체 시스템이 커지면 유지하기가 어려워지기 때문입니다. 또한 양자상태는 외부 환경에 민감하기 때문에 우리가 원하는 양자상태를 오래 유지하지 못하고 다른 상태로 바뀌는 양자 에러가 발생합니다. 큐비트가 늘어나면 양자 에러 역시 더 많이 발생해, 연산의 정확도가 떨어집니다.

이 문제를 해결하기 위해 미국 캘리포니아공대 제프 킴블Jeff Kimble 교수는 적당한 수의 큐비트를 하나의 단위로 하는 '양자 노드'를 만들고, 노드들을 광자로 연결하는 형태의 양자컴퓨터를 고안했습니다. 큐비트를 사람 한 명에 비유하면, 양자 노드는 여러 명의 사람으로 구성된 작은 도

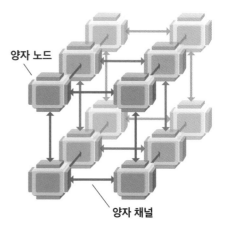

📷 양자 노드

양자 노드는 적당한 수의 큐비트를 하나로 묶은 집합체다. 양자 노드를 여러 개 만들어 연결하는 것이 가장 이상적인 하드웨어 형태로 평가받고 있다.

양자 노드

양자 채널

시라고 할 수 있습니다. 수많은 사람이 있는 대도시 하나를 구축하는 것보다 소규모 위성도시를 여러 개 연결시킨 도시체계가 효율성이 높은 것처럼, 양자 역시 소집단을 만들어 효율성을 높이겠다는 생각입니다. 학계에서는 이렇게 모듈화된 양자컴퓨터를 가장 이상적인 하드웨어 형태로 생각하고 있습니다.

양자컴퓨터를 어디에 사용할 수 있나?

양자컴퓨터의 진짜 가치는 단순히 연산 속도가 빠르다는 데 있는 것이 아니라, 고전컴퓨터로는 시간의 한계 때문에 계산할 수 없는 문제를 풀 수 있다는 데 있습니다. 수학에서는 이런 문제를 'NP 문제'라고 합니다. NP 문제는 문제의 복잡도에 따라 연산에 걸리는 시간이 선형적으로 증가하는 것이 아니라 지수함수와 같이 기하급수적으로 늘어나서 풀 수 없는 문제를 의미합니다.

용어만 보면 아주 어렵지만, 대표적인 NP 문제가 아주 가까이에 있습니다. 바로 인터넷 결제를 할 때 사용되는 'RSA_{Rivest-Shamir-Adleman} 암호'입니다. RSA 암호는 '매우 큰 숫자는 풀이 가능한 시간 안에 소인수분해가 불가능하다'라는 수학적 증명을 이용하고 있습니다. 작은 수를 소인수분해 하는 것은 매우 쉽지만 수가 커질수록, 복잡성이 커질수록 소인수분해를 하는 데 들어가는 시간은 기하급수적으로 늘어납니다. 때문에 기존의 컴퓨터로는 RSA 암호를 현실적인 시간 내에 풀 수 없고, 그만큼 우리의 전자거래가 안전하다고 할 수 있습니다.

양자컴퓨터를 이용하면 어떨까요? 1992년 미국 매사추세츠공대 수학과 피터 쇼어Peter Shor 교수는 양자컴퓨터로 RSA 암호를 깰 수 있다는 사실을 수학적으로 증명했습니다.[4] 쇼어 교수는 양자의 특성을 이용해 거대한 수 N을 소인수분해 하는 '쇼어 알고리즘'을 제안했습니다. 쇼어 알고리즘을 이용하면 N을 소인수분해 하는 데 선형 시간이 걸립니다. 즉, N의 복잡성이 커져도 고전컴퓨터처럼 연산 시간이 기하급수적으로 늘어나지 않는다는 의미입니다. 쇼어 알고리즘의 등장으로 N의 복잡성에 의지하던 RSA 암호의 안전성은 무참히 깨져 버렸습니다.

양자컴퓨터는 너무 많은 변수 때문에 고전컴퓨터로는 계산이 불가능해 보이던 복잡한 구조의 화학 시뮬레이션이나 기상예측과 같은 복잡계 문제를 해결할 수 있습니다. "브라질에 사는 나비 한 마리의 날갯짓이 텍사스에서 토네이도를 만들 수 있다"라는 '나비효과'가 대표적인 복잡계 문제입니다. 양자컴퓨터는 초기의 작은 변화가 엄청난 변화를 가져오는 공기의 대류현상이나 무질서해서 도저히 예측이 불가능하다고 알려진 유체운동 등 다양한 복잡계 문제를 빠르게 연산해 낼 수 있을 것으로 내다보고 있습니다.

양자시대는 어디까지 왔나?

아직까지 기존의 컴퓨터를 대체할 만큼 성능이 뛰어난 양자컴퓨터는 개발되지 않았습니다. 양자컴퓨터 이론의 대가인 미국 캘리포니아공대 존 프레스킬John Preskill 교수는 수백 개 정도의 큐비트로 이루어진 준범용 양자컴퓨터가 개발된다면 이론적으로 고전컴퓨터의 연산 능력을 초월할 것이라고 예측했습니다.[5] 이상적인 큐비트 물리계에서는 실시간으로 양자오류를 모두 고칠 수 있고 양자상태도 수 시간 이상 지속시킬 수 있다는 전제 아래, 큐비트가 100개 정도 있으면 기존 컴퓨터의 연산 속도를 뛰어넘는다는 것입니다. 하지만 프레스킬 교수는 이것은 이론일 뿐, 현실에서는 아직까지 큐비트를 조작할 때 발생하거나 큐비트 자체에서 생기는 양자오류와 양자상태의 짧은 지속 시간 때문에 특정한 몇몇 문제에서만 양자컴퓨터가 우월할 것이라고 밝혔습니다.

우리는 어느덧 리처드 파인만이 오래전에 예견했던 양자시대에 살고 있습니다. 거시세계에 살고 있는 인간이 눈에 보이지 않던 미시세계의 원자를 조작해 복잡한 자연현상을 예측하는 새로운 기계를 만들어 내고 있습니다. 양자컴퓨터를 통해 인간문명이 양자점프quantum leap를 이룰 수 있을지, 겸허한 마음으로 미래를 기다려 봅니다.

미래를
읽는
최소한의
과학지식

가능성의 이야기들 양자 가능성, 그 다음을 보다

● **최지원** 한국경제신문 기자

　세상에서 가장 재밌는 구경은 남의 집 불구경이라고 하죠? 2019년 9월 IT 산업의 양대 산맥, 구글과 IBM의 양자컴퓨터를 둘러싼 날선 공방이 시작됐습니다. 사건은 구글이 개발한 양자컴퓨터가 '양자우월성quantum supremacy'에 도달했다는 문건이 미국항공우주국NASA 홈페이지에 올라오면서였습니다. 양자우월성은 양자컴퓨터가 기존 슈퍼컴퓨터의 연산 속도를 넘어서는 지점을 의미합니다. 지금까지 세계적 기업과 연구소가 양자컴퓨터 연구에 매진하고 있지만, 양자우월성을 능가한 사례는 한 건도 없었기 때문입니다.

　이 문건이 언론을 통해 화제가 되자 글이 삭제됐습니다. 그러고 나서 한 달여 만인 10월 23일 과학 저널 《네이처》를 통해 정식으로 논문을 출판했습니다. 《네이처》에 실린 논문에 따르면 구글이 개발한 양자컴퓨터 '시커모어'는 난수발생기에서 만들어 낸 난수가 진짜 난수인지를 확인하고 증명하는 작업을 3분 20초 만에 해냈습니다. 이 작업을 현존하는 슈퍼컴퓨터로 하려면 1만 년이나 걸립니다. 구글의 논문이 사실로 증명된다면 시커모어는 최초의 양자우월성을 지닌 양자컴퓨터로 기록될 것입니다.

하지만 오랫동안 양자컴퓨터를 연구해 온 양자컴퓨터계의 터줏대감 IBM은 구글의 주장을 바로 반박했습니다. 에드윈 페드노, 제이 감베타 등 4명의 IBM 연구원들은 자사의 블로그를 통해 공식 입장을 밝혔습니다.

"최근 양자컴퓨터의 발전으로 두 개의 53큐비트 양자컴퓨터가 등장했다. 하나는 IBM에서 개발한 것이고 하나는 《네이처》에 실린 구글의 논문 속 장치다. 논문 속 장치는 '양자우월성'에 도달했으며, 가장 발전된 슈퍼컴퓨터가 같은 문제를 풀려면 거의 1만 년이 걸릴 것이라고 밝혔다. 하지만 우리는 더 나은 시스템을 이용한다면 같은 문제를 2.5일이면 충분히 풀 수 있다고 생각한다. 이것도 아주 보수적으로 추정한 결과고, 추가적으로 성능을 개선한다면 훨씬 더 짧은 시간과 비용으로도 충분히 가능하다. 애초에 2012년 존 프레스킬이 제안한 '양자우월성'의 근본적인 의미는 기존의 컴퓨터가 '할 수 없는' 일을 양자컴퓨터가 해내는 지점을 말하며, 우리는 아직 그 한계점을 만나지 못했다."

학계에서는 IBM의 주장이 틀린 것은 아니지만, 그럼에도 구글의 양자컴퓨터는 여전히 굉장히 큰 성과고 양자컴퓨터 연구에 이정표가 될 것이라는 반응입니다. 양자우월성을 처음 제안한 미국 캘리포니아공대 존 프레스킬 물리학과 교수 역시 "구글의 성공은 길고 험난한 양자우월성이라는 길에서 주목할 만한 디딤돌이다"라며 긍정적으로 평가했습니다.

더 중요한 것은 양자컴퓨터가 양자우월성을 달성한 그다음입니다. 양자컴퓨터가 일정 수준 이상의 성능을 갖추게 되면 힘들게 개발한 이 컴퓨터를 어딘가에는 '써먹어야' 하는데, 그럴 만한 콘텐츠가 불명확합니다. 즉, 양자컴퓨터를 유용하게 쓸 알고리즘이 아직 부족하다는 의미입니다.

가장 잘 알려진 양자 알고리즘은 '쇼어 알고리즘'입니다. 앞의 양자컴퓨터를 다룬 글에서도 나와 있는 것처럼 쇼어 알고리즘은 우리가 지금 가장 널리 쓰는 암호 체계인 RSA 암호를 무너뜨릴 수 있는 강력한 무기입니다. RSA 암호는 617자리의 거대한 수를 소인수분해 해야 풀립니다. 일반 컴퓨터로는 절대 풀 수 없는 어마어마한 수죠. 하지만 쇼어 알고리즘을 이용하면 가능합니다.

시장에 큰 변화를 가져오는 콘텐츠를 킬러 콘텐츠라고 합니다. 쇼어 알고리즘은 컴퓨터 분야의 킬러 알고리즘인 셈입니다. 또 하나의 킬러 콘텐츠로 평가받고 있는 알고리즘은 '그로버 알고리즘'입니다. 미국의 컴퓨터 과학자인 로브 그로버 벨연구소 연구원이 1996년에 개발한 알고리즘입니다. 정렬되지 않은 데이터베이스에서 특정 데이터를 찾는 알고리즘으로, 고전컴퓨터에서는 일일이 검색해야 하는 문제였습니다. 보통 알고리즘에서는 검색할 때 걸리는 시간을 '시간복잡도*'로 나타냅니다.

고전컴퓨터에서 n개의 데이터 중 찾고자 하는 데이터를 찾으려면 $O(n)$만큼의 시간이 걸립니다. 반면 그로버 알고리즘은 $O(\sqrt{n})$만큼의 시간이 걸립니다. n이 작을 때야 큰 차이가 없겠지만, 요즘 같은 빅데이터 시대에 n이 작을 리 없습니다. n이 어마어마하게 큰 수라고 가정하면 고전컴퓨터와 양자컴퓨터의 연산 속도는 엄청난 차이를 보입니다.

최근에는 양자컴퓨터가 외판원 문제에서 고전컴퓨터보다 뛰어난 성능을 보일 수 있다는 연구결과가 나왔습니다. 외판원 문제는 여러 장소를 여행하는 판매원이 모든 장소를 가장 빠르게 통과할 수 있는 최적의 경로를 찾는 문제입니다. 이해를 돕기 위해 수학자들이 재미있는 이름을 붙여놨지만, 이 문제는 수학적으로 풀기 어렵다는 'NP문제' 문제 중 하나입니다. 고전컴퓨터로 이 문제를 풀기 위한 알고리즘이 여러 가지 개발되고 있지만, 지수 형태의 시간복잡도에서 벗어나지는 못했습니다. 2017년 3월《피지컬 리뷰 *Physical Review*》에 실린 논문에 따르면, 양자 알고리즘을 이용하면 그로브 알

---

* 실제 우리가 사용하는 초, 분과 같은 단위를 쓰는 개념이 아니라 n개의 입력에 대한 계산을 해야 할 때 n에 따라 증가하는 연산 시간의 추이를 볼 때 사용한다. 가장 많이 쓰는 표기법은 빅 오(Big-O) 표기법으로, 만약 시간복잡도가 n^2+n+1과 같은 형태라면 낮은 차수는 버리고 가장 높은 차수만 선택해 $O(n^2)$으로 표시한다.

고리즘만큼의 속도 향상을 가져올 수 있습니다.[1]

구글과 IBM이라는 거대 기업의 피 튀기는 싸움을 많은 사람들이 흥미롭게 관전했지만, 그 와중에 잊지 말아야 할 것이 있습니다. 지금과 같은 속도로 양자컴퓨터가 개발된다면, 수십 년 안에는 산업에 투입될 가능성이 높습니다.

문제는 그 다음입니다. 언제나 소프트웨어의 개발은 하드웨어의 개발보다 뒤처지곤 했으니까요. 양자컴퓨터를 잘 써먹을 수 있는 킬러 알고리즘이 좀 더 활발히 연구됐으면 하는 바람입니다.

우리 사회를
하나로 연결하는 기술

박준후 아이오트러스트 소프트웨어 엔지니어

2022년 5월 한국의 한 암호화폐가 전 세계 코인 시장을 뒤흔들었습니다. 바로 '루나'입니다. 한때 116달러(약 12만원)까지 치솟았던 루나는 5월 6일부터 가격이 떨어지기 시작해, 11일 하룻밤 새 98%나 폭락했습니다. 13일에는 0.00005달러까지 떨어지며 세계 암호화폐 거래소들이 루나의 거래를 중단하기에 이르렀습니다. 루나 폭락 사태로 인해 비트코인의 가격 역시 계속해서 떨어졌습니다.

이런 문제 때문인지 많은 사람에게 '암호화폐=투기'라는 인식이 심어졌습니다. 하지만 암호화폐와 관련된 IT 기술을 연구하는 학계 입장에서 보면 조금 억울합니다. 암호화폐가 투기로 주목을 받으면서 그 기반 기술인 블록체인마저 투기 대상으로 받아들이고 있기 때문입니다. 하지만 블록체인은 지금까지 개발된 어떤 기술보다 안전하고, 우리의 생활을 편리하게 만들어 줄 수 있습니다. 암호화폐와 블록체인이 우리 삶을 어떻게 바꿔 줄 수 있을까요?

비트코인은 왜 생겨난 것인가?

암호화폐의 시작은 비트코인이었습니다. 비트코인의 등장은 그야말로 '센세이션sensation'이었습니다. 2008년 11월에 네트워크, 암호학 등 IT 기술을 연구하는 학자들에게 '비트코인; 개인 간 전자 화폐 시스템Bitcoin; A Peer-to-Peer Electronic Cash System'이라는 제목의 메일 한 통이 날아왔습니다. 보낸 사람은 사토시 나카모토Satoshi Nakamoto*. 한 번도 들어본 적 없는 이름이었죠. 하지만 누군지 알 수 없는 익명의 개인 혹은 단체가 보낸 메일의 내용은 놀라웠습니다.

그가 소개한 기술, 비트코인은 은행과 같은 신뢰 기관 없이 개인 간의 거래가 가능한 전자 지불 시스템입니다. 피자 한 판을 사 먹는다고 가정해 봅시다. 신용카드를 이용해 결제를 하면 그 정보가 카드 회사로 전달

---

* 비트코인이 주목받기 시작하면서 사토시 나카모토가 누구인가에 대한 다양한 의견이 제시됐다. 사이퍼펑크(cypherpunk)의 주요 인물이자 세계적인 암호학자 데이비드 차움(David Chaum), 이메일 보안 시스템을 개발한 필 짐머만(Phil Zimmermann) 등이 후보로 거론됐다. 하지만 어떤 증거도 찾지 못했다. 2015년에는 크레이그 스티븐 라이트(Craig Steven Wright)라는 호주의 사업가이자 컴퓨터 공학자가 자신이 비트코인의 창시자라고 주장했다. 하지만 학계에서는 이를 인정하지 않았고, 이후 라이트 박사가 입장을 번복했으며, 현재까지 사토시 나카모토가 누군지는 밝혀지지 않았다.

됩니다. 카드 회사에서는 소비자의 은행 계좌에서 한 달에 한 번씩 사용한 금액만큼 돈을 가져갑니다. 아주 일상적인 모습이지만, 우리는 무엇을 믿고 은행에 돈을 맡겨 놓고, 카드 회사에서 보내 주는 명세서에 있는 돈을 그대로 지불하는 것일까요?

너무 간단한 질문이라 황당한가요? 맞습니다. 우리는 은행과 카드 회사를 믿고 아무 의심 없이 거래를 합니다. 은행과 카드 회사는 정부에서 아주 엄격하게 관리하고 규제하고 있기 때문이죠. 은행과 카드 회사는

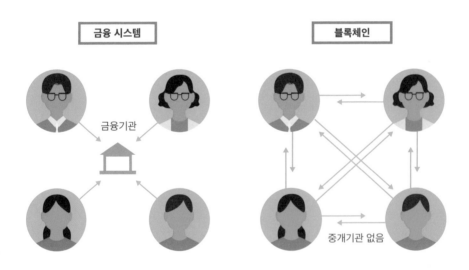

📷 현재 금융 시스템과 블록체인의 비교

블록체인은 은행, 정부의 금융기관을 거치지 않고 개인과 개인이 직접 거래를 할 수 있다. 일부 사람들은 이런 블록체인의 특성이 '탈중앙화'를 가져올 수 있을 것이라고 주장한다.

미래를
읽는
최소한의
과학지식

그 신뢰의 대가로 수수료를 떼어 가는데, 개인이 체감하기에는 아주 적은 돈이지만 모이면 꽤 큰돈이 됩니다. 또 우리의 거래내역, 경제 상황 등 다양한 정보를 가지고 있죠.

사토시 나카모토가 고안한 비트코인은 신뢰 기관 없이 돈을 안전하게 거래할 수 있는 전자 시스템입니다. 물론 수수료를 지불할 일도 없죠. 이런 비트코인의 성질을 '탈중앙화'라고 합니다. 사토시 나카모토는 2008년 정부와 다국적 기업 같은 거대한 권력에 저항해 개인의 프라이버시를 보호하자는 취지의 '사이퍼펑크' 운동을 하는 암호학자들에게 논문을 가장 먼저 보냈습니다. 비트코인 역시 사이퍼펑크 운동의 연장선상에 있고, 특정 기관이 개인의 정보를 이용해 권력을 행사하는 것을 거부하기 위한 탈중앙화의 철학이 담겨 있습니다.

비트코인과 블록체인은 어떤 관계인가?

비트코인과 블록체인의 관계를 알려면 비트코인이 어떻게 신뢰 기관 없이도 개인 간 거래를 안전하게 만들어 주는지를 이해해야 합니다. 은행을 거치지 않고 얼굴도 모르는 사람과 거래를 하려면 거래내역이 완벽하게 보존돼야 한다는 확신이 있어야 합니다. 그래야 나중에 돈을 보내지 않고 보냈다고 우기거나, 돈을 받아놓고 받지 않았다고 우기는 일이 없겠죠. 즉, 'A가 B에게 10만 원을 보냈다'와 같은 거래내역이 기록된 거래 장부가 절대 위조되거나 변조될 위험이 없어야 한다는 말입니다.

일반적인 거래에서는 은행이 거래 장부를 관리합니다. 하지만 은행이 없는 환경이라면 누가 거래 장부를 관리할까요? 답은 공정한 방식으로 선정된 거래 참여자 중 한 명입니다. 신뢰를 확보하려면 선정 방식이 매우 중요합니다. 사토시 나카모토는 아주 어려운 암호를 해독하는 한 사람에게 그 권한을 주도록 했습니다. 그 권한을 얻은 사람에게는 인센티브를 지급하고, 한 사람이 이를 독점할 수 없도록 경쟁 체제도 갖췄습니다. 경쟁에 참여한 사람들은 이 과정에서 자연스럽게 모든 과정이 공정하게 이뤄졌음을 증명하고 합의하게 됩니다. 이 모든 과정을 통틀어 '작업증명Proof-of-Work'이라고 합니다.

암호를 풀려면 빠른 연산기계가 필요합니다. 그만큼 고성능의 컴퓨터가 필요하고, 그 과정에서 사용되는 컴퓨팅 파워도 엄청납니다. 컴퓨팅 파워를 소모하면서 인센티브를 얻는 것이 마치 금을 캐는 것과 비슷하다고 해서, 작업증명을 하는 것을 마이닝mining(채굴)이라고 부르고, 작업증명에 참여하는 사람을 마이너miner(채굴자)라고 부릅니다.

그렇다면 비트코인과 블록체인은 어떤 연관이 있을까요? 블록체인은 비트코인이 사용하는 거래 장부입니다. 비트코인이 사용하는 거래 장부 원장은 10분에 하나씩 만들어집니다. 거래내역 하나마다 작업증명을 하

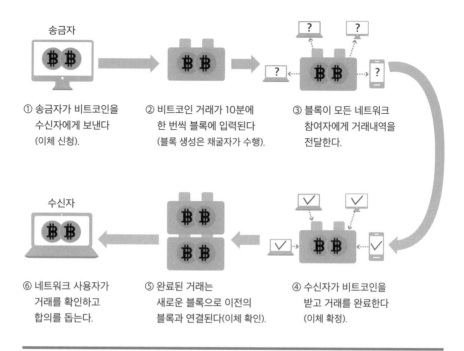

① 송금자가 비트코인을
수신자에게 보낸다
(이체 신청).

② 비트코인 거래가 10분에
한 번씩 블록에 입력된다
(블록 생성은 채굴자가 수행).

③ 블록이 모든 네트워크
참여자에게 거래내역을
전달한다.

⑥ 네트워크 사용자가
거래를 확인하고
합의를 돕는다.

⑤ 완료된 거래는
새로운 블록으로 이전의
블록과 연결된다(이체 확인).

④ 수신자가 비트코인을
받고 거래를 완료한다
(이체 확정).

🄾 비트코인의 거래 과정

려면 시간이 너무 오래 걸리고, 동시에 암호를 푸는 사람도 많아져 시스
템에 문제가 생길 수 있기 때문입니다. 10분 동안 생성된 거래내역들은
블록이라는 단위의 장부에 저장되고, 한 블록당 한 번의 작업증명이 이
뤄집니다. 생성된 블록들은 시간 순서에 맞게 서로 연결돼 있습니다. 마
치 체인으로 연결된 것처럼 말이죠. 그래서 이 거래 장부를 만드는 기술
을 블록체인이라고 합니다.

　비트코인이 투기 목적으로 많이 사용되기는 했지만, 블록체인을 활용

211

한 암호화폐는 사실 장점이 많습니다. 우선 위에서 언급한 것처럼 신뢰 기관의 개입 없이 개인 간 거래가 가능하고, 수수료를 추가로 지불하거나 개인의 정보를 특정 기관에 제공하지 않아도 됩니다. 블록체인의 가장 중요한 특징이 바로 이 탈중앙화입니다.

블록체인의 또 다른 중요한 특징으로는 거래 장부가 거래에 참여하는 모든 사람에게 분산돼 저장된다는 것입니다. 마치 양자간 자료 공유 서비스P2P; Peer to Peer인 토렌트torrent와 같은 원리입니다. 거래 장부 자체를 한 사람이 아닌 다수가 만들고 보관하고 있기 때문에, 누구 한 사람의 의지로 거래 장부를 고치거나 만들어 낼 수 없습니다. 만약 누군가가 의도적으로 거래내역을 조작했다면, 다른 사람이 가진 장부와 비교 대조해 위조 사실을 바로 알 수 있습니다. 만약 장부의 내용이 서로 다르면 과반수 이상이 동일하게 가지고 있는 장부를 신뢰합니다. 따라서 거래를 조작하려면 절반 이상의 장부를 조작해야 합니다. 참여자가 100명이라면 최소 50명의 컴퓨터를 해킹해 장부를 조작해야 한다는 말입니다. 비트코인의 경우 1만 명 이상이 참여하고 있으므로, 장부를 조작하는 것은 현실적으로 불가능합니다. 거래 참여자를 믿지 않더라도, 시스템상 거래 내역을 조작할 수 없으니 믿고 거래할 수 있는 것이죠.

이런 분산 시스템은 보안을 더욱 강화합니다. 컴퓨터 보안 분야에서는 단일 장애점single point of failure이라는 용어를 씁니다. 전체 시스템을 한

미래를
읽는
최소한의
과학지식

번에 무너뜨릴 수 있는 보안의 특정한 한 지점을 의미합니다. 예를 들어, 집 안의 모든 IT 기기가 와이파이 공유기로 연결돼 있다고 해봅시다. 만약 공유기가 꺼진다면 집 안 전체의 인터넷 연결이 끊어지겠죠? 이런 부분을 단일 장애점이라고 합니다. 블록체인은 여러 사람이 장부를 가지고 있기 때문에 이런 단일 장애점이 없습니다. 그만큼 보안에서 안전합니다. 또 거래 장부를 거래에 참여하는 모든 사람이 볼 수 있기 때문에 투명하다는 장점도 있습니다.

블록체인은 어떻게 활용할 수 있나?

위에서 언급한 블록체인의 장점을 요약하면 신뢰성, 보안성, 투명성입니다. 이 세 가지 장점이 가장 잘 활용될 수 있는 분야가 어디일까요? 바로 금융권입니다.

이 가능성을 가장 먼저 제시한 것은 사이퍼펑크의 일원이었던 미국의 암호학자 닉 사보Nick Szabo였습니다. 그는 1996년 '스마트 컨트랙트smart contract'라는 개념을 도입했습니다. 스마트 컨트랙트는 블록체인 기술을 이용해 신뢰 기관 없이 거래를 넘어 계약까지 할 수 있는 기술입니다. 블록에 계약 내용이 기록돼 있고, 이 원장을 계약과 관련된 참여자가 공유합니다. 계약에 명시된 조건이 충족되면 계약이 알아서 이행되는 것이죠. 이 아이디어는 당시에도 주목을 끌었지만 기술적인 한계로 구현되지 못했습니다. 이를 2014년 당시 19살이던 비탈리크 부테린Vitalik Buterin이라는 어린 청년이 이뤄냈습니다. 스마트 컨트랙트와 블록체인을 결합시킨 플랫폼인 이더리움Ethereum 개발에 성공한 것입니다.

2022년 현재 수천 가지의 암호화폐가 있습니다. 그중 비트코인에 이어 두 번째로 비싼 가격을 유지하고 있는 암호화폐가 바로 이더리움입니다. 비트코인이 블록체인의 시작이라면, 이더리움은 단순한 화폐가 아니라 블록체인의 활용성을 향상시킨 하나의 플랫폼입니다. 실제 학계에서도 이더리움이 비트코인과 함께 가장 많이 연구되고 있으며, 앞으로 가치가 더 높아질 것이라고 예상하고 있습니다.

이더리움은 단순하게 비트코인에 기능을 추가해 만든 것이 아니라 패러다임을 바꾼 것입니다. 계약 내용이 블록체인에 자동으로 저장되고 조건에 따라 자동으로 실행되면, 누구도 계약 내용을 변경할 수 없기 때문에 신뢰 기관이 없어도 계약 이행이 보장되는 것이죠. 부동산 계약, 은행, 보험사와의 다양한 계약을 모두 이더리움 플랫폼을 이용해 안전하고 투명하게 할 수 있는 가능성이 열린 것입니다.

실제 프랑스의 보험회사인 '악사AXA'는 비행 시간이 지연됐을 경우 이더리움을 이용해 금전적인 보상을 해 주는 보험 상품 '피지fizzy'를 출시했습니다. 기존의 보험 상품들은 보험금을 받아야 하는 상황이 발생하면, 피보험자가 상황을 증명하는 서류를 잔뜩 제출해야 했습니다. 이를 처리하는 데에도 상당한 시간이 걸렸죠. 하지만 이더리움을 이용한 피지는 피보험자가 서류를 제출하지 않아도, 항공사에서 전달되는 데이터만으로 보험사가 알아서 보험금을 지급합니다.

또 블록체인의 스마트 컨트랙트가 가져다주는 장점도 있습니다. 예를 들어, 한국에서 미국으로 국제 간 송금을 하는 경우 국내 은행, 중개 은행, 미국 은행을 거쳐 거래가 처리됩니다. 하지만 공동으로 관리되는 원장이 있으면 한 번에 빠르게 처리될 수 있겠죠.

이 특징을 잘 살릴 수 있는 분야가 바로 의료 정보 공유 시스템입니다. 보통 동네 병원에서 검진을 받은 다음에 큰 병원으로 갑니다. 그런데 두 병원이 의료 기록을 공유하지 않으면 동네 병원에서 검진 기록을 받아서 큰 병원에 가지고 가야 합니다. 만약 여러 병원이 컨소시움을 맺고 블록체인으로 의료 정보를 공유한다면 이런 불편함이 사라질 수 있습니다. 하지만 의료 기록이나 금융 거래 기록 등은 개인의 직접적인 신상정보이기 때문에 먼저 법과 규제가 뒷받침돼야 합니다.

블록체인은 정말 안전한가?

어떤 기술이든 완벽하게 안전하다고 말하기는 매우 어렵습니다. 블록체인의 경우 본격적으로 연구된 지 10년밖에 되지 않았고, 블록체인에 쓰이는 암호체계, 알고리즘 또한 모두 완벽하게 안전하다고 말하기는 어렵습니다.

실제 블록체인의 보안이나 신뢰성에 금이 간 사례도 있습니다. 비트코인의 안전성은 채굴자 간의 공정한 경쟁을 전제로 합니다. 즉, 채굴자들이 서로 비슷한 환경에서 경쟁한다는 전제가 깔려 있다는 말입니다. 하지만 누군가가 연산 능력이 엄청난 컴퓨터를 여러 대 보유하고 있다면 어떨까요? 한 사람이 거래 장부를 독점적으로 기록하는 일이 발생한다면 비트코인의 신뢰성은 무너집니다. 이런 일이 가능하려면 이론적으로 전체 참여자 컴퓨팅 파워의 51% 이상을 한 사람이 보유하고 있어야 합니다. 이것을 '51% 공격'이라고 합니다. 비트코인의 경우 채굴에 참여하는 사람이 워낙 많기 때문에, 51% 이상의 컴퓨팅 파워를 독점하는 것은 거의 불가능합니다.

하지만 2014년에 전체 컴퓨팅 파워의 25%만 보유하고 있어도 비트코인의 안전성을 위협할 수 있다는 논문이 발표됐습니다. 미국 코넬대 에민 건 사이러Emin Gün Sirer 교수는 '이기적인 채굴selfish mining'이라는 전략으로 적은 컴퓨팅 파워로도 비트코인을 공격할 수 있다는 사실을 수학적으로 증명했습니다.[1] 비트코인 시스템은 채굴자들이 공정한 경쟁을 한다는 전제하에 유지됩니다. 이기적인 채굴 전략은 비트코인의 기본적인 규칙을 무시하고, 자신에게 유리한 방향으로 블록을 만드는 전략입니다.

이더리움은 실제 해킹을 당했던 사례가 있습니다. 2016년에 일어난 '더 다오The DAO 해킹' 사건입니다. 다오는 '탈중앙화 자율조직Decentralized Autonomous Organization'의 줄임말로, 이더리움의 블록체인 기술을 이용해 중앙 관리자 없이 투표를 통해 의사결정을 하는 분산 투자 펀드입니다. 다오는 당시 크라우드 펀딩 방식으로 2000억 원가량의 투자금을 모았습니다. 그런데 이들의 블록체인 코드에 치명적인 오류가 있었습니다. 이를 눈치 챈 해커들이 다오의 취약점을 공격해 600억 원가량을 자신들의 계좌로 빼돌렸습니다. 블록체인 자체의 위변조가 일어나 벌어진 사건은 아니어서 블록체인의 안전성에 대한 문제를 제기할 수는 없지만, 이 사건은 많은 사람에게 블록체인은 안전하지 않다는 인식을 심어 줬습니다.

블록체인과 관련된 해킹 사고나 안전에 대한 위험성이 제기되고 있지만, 여전히 블록체인 구조 자체에 대한 근본적인 문제점은 발견되지 않고 있습니다. 이런 사건 이후 연구자들은 이기적인 채굴을 막는 방법 등 다양한 연구를 하고 있습니다.

스마트 컨트랙트를 개발하는 개발자들 역시 취약점이 없는 코드를 설계하기 위해 다방면으로 노력하고 있습니다. 스마트 컨트랙트를 작성하는 데 필요한 언어와 개발자들이 코드 취약점을 점검할 수 있는 도구도 개발되고 있습니다. 실제 최근 2~3년간 여러 학술대회에서 개발자가 실수로 만들어 낸 코드의 오류를 잡아 주는 도구나 방법에 대한 연구가 가장 많이 발표되고 있습니다.

블록체인 분야에서 최근 활발히
연구되고 있는 주제는 무엇인가?

블록체인 기술이 주목을 받으며, 가장 많이 제기된 한계점은 바로 확장성입니다. 예를 들어 비트코인의 경우 1초당 처리할 수 있는 거래 건수가 10건을 넘기기 어렵습니다. 하지만 우리가 주로 사용하는 마스터 카드나 비자 카드의 경우 1초당 2만 건 이상의 거래가 처리됩니다. 금융 결제에 블록체인을 이용하려면 반드시 해결해야 하는 문제입니다.

이를 위해 완전한 탈중앙화를 포기하고 처리량을 늘리는 알고리즘에 대한 연구가 활발히 이뤄지고 있습니다. 대표적인 플랫폼은 이오스EOS입니다. 이오스는 2018년 6월에 등장한 플랫폼으로, 누구나 블록을 생성할 수 있는 것이 아니라 선출된 참여자만이 블록을 생성할 수 있는 합의 알고리즘을 사용합니다. 후보자는 참여자들의 투표로 결정됩니다. 21명의 선출자는 번갈아 가며 블록을 생성하기 때문에 다수의 경쟁에 의해 블록을 생성하는 비트코인에 비해 훨씬 빠르게 합의할 수 있습니다. 하지만 여기에도 한계는 있습니다. 21명의 선출자 중 15명이 공모를 하거나 공격을 받을 경우 시스템이 장악당할 수 있습니다.

이처럼 탈중앙화, 안전성, 확장성 세 가지는 해결하기가 매우 어려운 문제입니다. 이를 블록체인의 트릴레마trilemma* 라고 부릅니다. 블록체인의 트릴레마를 극복하기 위해 미국의 코넬대, UC버클리, 일리노이대를 필두로 전 세계적으로 많은 연구가 이뤄지고 있습니다. IT 강국인 우리나라에서도 여러 대학과 정부 출연기관에서 이 문제를 해결하기 위한 연구를 진행하고 있습니다.

당장 블록체인 기술이 우리의 삶을 완전히 바꿔 놓진 못하겠지만, 블록체인 기술은 우리의 삶에 조금씩 스며들 것입니다. 블록이 사슬로 연결되듯이 금융, 의료, 선거 등 우리 사회에서 필수적인 분야도 블록체인 기술로 하나씩 하나씩 연결돼 갈 것입니다.

---

* 삼중고(三重苦)라는 뜻을 가진 트릴레마는 한 번에 모두 해결하기 어려운 세 가지 문제를 말한다. 하나를 해결하면 하나가 문제가 되고, 또 하나를 해결하면 다른 하나가 문제가 생기는 딜레마에 빠지게 되는 것이다. 주로 경제 분야에서 많이 쓰이는 말로, 최근 블록체인 분야가 많이 연구되면서, 탈중앙화, 안전성, 확장성을 모두 아우르는 기술을 개발하기 어렵다는 의미로 트릴레마라는 용어를 사용한다.

0.3nm의 그래핀 한 층,
전자업계를 흔들다

이주송 한국과학기술연구원 기능성복합소재연구센터 박사과정 연구원

"꿈의 신소재,

그래핀의 시대가 열렸습니다."

그래핀graphene 연구자가 노벨상을 받은 2010년
부터 지금까지 그래핀은 줄곧 '꿈의 신소재'라는 영광스러운 별명으로 불
리고 있습니다. 반도체부터 디스플레이까지, 그래핀은 전자업계의 판도
를 바꿀 것이라는 평가를 받고 있습니다. 무한한 가능성을 지닌 그래핀은
우리가 쉽게 볼 수 있는 것이 아니라고 생각하지만 의외로 주변에서 쉽게
찾아볼 수 있습니다.

여러분도 주변에 놓여 있는 연필과 테이프를 이용하면 그래핀을 만들
수 있습니다. 접착력을 잘 유지할 수 있도록 테이프에 손이 닿지 않게 조

심히 떼어 낸 뒤, 테이프의 양쪽 끝을 잡고 연필심에 살짝 붙였다 떼면 됩니다. 테이프에 붙어 있는 얇은 흑연 층이 바로 그래핀입니다.

보기에는 보잘 것 없지만 전문가들은 테이프에 붙은 흑연 부스러기가 반도체, 디스플레이, 연료 전지 등 다양한 산업에 큰 바람을 불러일으킬 것이라고 예측합니다. 또한 그래핀을 가장 빨리 산업에 적용하는 나라가 전자업계를 평정할 것이라고도 합니다. 우리나라에서도 삼성전자, LG전자 등 내로라하는 기업들이 엄청난 금액을 투자해 그래핀을 연구하고 있습니다.

우리나라뿐만이 아닙니다. 산업통상자원부는 탄소 소재 융·복합산업 종합 발전전략에서 2019년 1500억 원이었던 그래핀의 세계시장규모가 2030년에는 31조 원까지 커질 것이라며 엄청난 성장률을 예측했습니다. 얇은 흑연 한 층이 전자산업을 어떻게 바꿀 수 있다는 말일까요?

그래핀은 왜 이렇게 늦게 발견됐나?

널리고 널린 것이 연필이고, 인류가 연필을 사용한 지도 500년이 넘었는데 이제야 연필에서 그래핀이 발견되다니 조금 황당하기도 합니다. 하지만 누가 연필에서 무한한 잠재력을 지닌 신소재가 발견될 것이라고 생각했을까요? 그래핀은 영국의 한 연구실에서 엉뚱한 실험을 하던 중에 발견됐습니다. 영국 맨체스터대의 콘스탄틴 노보셀로프Konstantin Novoselov 교수 연구실에는 특이한 관례가 있습니다.

"연구 시간의 10%는 반드시 엉뚱하고
기발한 실험을 하는 데 쓸 것."

가끔은 가장 쓸모없어 보이는 연구가 위대한 발명을 만든다는 과학 역사의 교훈을 노보셀로프 교수는 잊지 않고 있었던 것이죠. 그의 연구실은 초전도체를 연구하고 있었지만, 이런 관례 때문에 초전도와는 관련이 없는 연구결과도 많이 나왔습니다. 실제 그의 연구실에서는 개구리의 주요 성분인 물이 반자성체*라는 점을 이용해 자석으로 개구리를 공중에 띄우는 연구를 하기도 했습니다. 이 연구는 2000년, 가장 기발하고 황당한 연구에 수여하는 '이그노벨상'을 수상했습니다.

하루는 그의 연구실에서 재미 삼아 '세상에서 가장 얇은 막 만들기'에 도전했습니다. 얇은 막을 얻기 위해 연필에 테이프를 여러 차례 붙였다 떼었다 했습니다. 그러다가 0.34nm 두께의 얇은 그래핀을 분리해 냈습니다. 탄소 원자층과 층 사이의 힘, 즉 그래핀 사이의 힘이 매우 약해서 가

---

* 자기장에 대해 약한 반발력을 지닌 물질을 말한다. 반자성체는 주변에 자기장이 존재할 때, 그에 반대되는 자기장을 형성한다. 물, 수은, 구리, 금, 은 등이 있다.

미래를
읽는
최소한의
과학지식

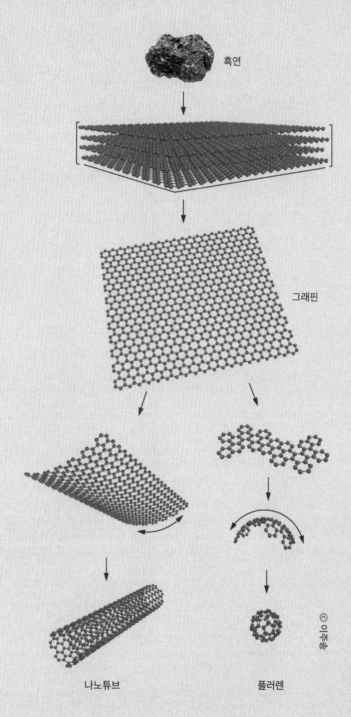

흑연

그래핀

나노튜브

플러렌

© 이주송

📷 흑연이 그래핀이
되는 과정

그래핀은 자연의 흑연에
서 얻을 수 있다. 흑연을
얇게 떼어 한 층의 그래
핀을 얻어 내면, 이를 동
그렇게 말아 나노튜브
로 만들 수도 있고, 축구
공 모양의 플러렌을 만
들 수도 있다. 나노튜브
와 플러렌 모두 주목받
는 신소재다.

능한 일이었습니다. 그래핀과 테이프 표면 사이의 접착력이 그래핀과 그래핀 사이의 힘보다 더 강하기 때문에, 흑연에 테이프를 붙였다 떼냈더니 한 층의 그래핀이 떨어져 나왔던 것입니다.[1]

이 논문은 2004년에 나왔지만, 그래핀의 존재는 오래전부터 알려져 있었습니다. 캐나다의 물리학자 필립 러셀 월리스Philip Russell Wallace는 1947년에 한 층으로 이뤄진 탄소 원자의 집합인 그래핀의 특이한 구조와 성질을 소개하는 논문을 《피지컬 리뷰 레터Physical Review Letters》에 발표했습니다.[2] 하지만 순수한 2차원 그래핀은 얻을 수 없다는 것이 당시 학계의 중론이었습니다. 당시에는 나노 단위의 물질을 이어 붙여 한 층의 그래핀을 만들 만한 기술이 없었습니다.

과학자들은 흑연을 여러 가지 방법으로 깎아서 그래핀을 얻으려고 시도했습니다. 그중 대표적인 방법이 흑연을 특정 용액 속에 넣어 흑연 사이사이에 용액의 분자가 끼어 들어가게 한 뒤 분리하는 것이었습니다. 원자 사이의 인력 혹은 반발력을 이용해 물질의 두께를 측정하는 장비인 원자력현미경AFM; Atomic Force Microscopy으로 흑연을 긁어내려는 시도도 있었습니다. 하지만 모두 뚜렷한 성과를 내지 못했습니다.

그렇게 60여 년이 지나 노보셀로프 교수팀이 테이프를 이용해 너무 간단하게 한 층의 그래핀을 떼어낸 것입니다. 연구팀은 2차원 그래핀이 가진 특이한 전기적 특성을 실험적으로 증명해 《사이언스》에 발표했습니다. 이 논문은 이후 4만 5,000회 이상 인용될 정도로 많은 과학자에게 영감을 줬습니다. 이 업적으로 노보셀로프 교수는 함께 연구했던 동료이자 스승인 영국 맨체스터대 안드레 가임Andre Geim 교수와 함께 2010년 노벨 물리학상*을 받았습니다.

까만 흑연에서 나온 그래핀을
디스플레이에 쓸 수 있나?

테이프로 분리해 낸 그래핀의 두께는 어느 정도였을까요? 거뭇거뭇한 흑연이 묻어 있는 모습을 상상하실 테지만, 그것은 그래핀 수만 장이 겹쳐진 덩어리입니다. 그래핀 한 층의 두께는 0.34nm밖에 되지 않습니다. 머리카락 굵기의 30만 분의 1 정도죠. 여러분이 테이프로 그래핀 한 층을 분리했다고 하더라도 눈으로는 확인할 수 없습니다.

---

* 2010년 노벨 물리학상에 얽힌 안타까운 이야기가 있다. 콘스탄틴 노보셀로프 교수팀과 거의 동시에 그래핀의 중요한 전기적 성질을 증명한 논문을 낸 과학자가 있다. 그래핀 분야의 권위자인 미국 하버드대의 김필립 교수다. 김필립 교수는 그래핀에서 전하를 운반하는 역할을 하는 '무질량 디랙 페르미 입자(massless Dirac fermion)'를 최초로 발견했다.[3]
이런 훌륭한 연구 업적에도 불구하고 김필립 교수는 2010년 노벨 물리학상 수상에 함께하지 못했다. 이에 대해 세계적인 과학 저널인 《네이처》는 김필립 교수가 공동 수상을 하지 못한 것이 납득하기 어렵다는 학계의 일부 반응을 담은 기사를 내기도 했다. 노벨상에 가장 근접한 과학자로 평가받던 김필립 교수였기에, 우리나라 과학계는 무척 아쉬워했다. 노벨상은 아쉽게 놓쳤지만 김필립 교수는 여전히 그래핀과 관련한 논문을 여러 편 발표하며 왕성한 연구를 이어 가고 있다.

그래핀이 수억 장 겹쳐져 있는 흑연은 우리 눈에 까맣게 보이지만 그래핀은 투명합니다. 어떤 물질이 투명한 것은 빛이 그냥 투과하거나 흡수되기 때문입니다. 그래핀은 우리가 사물을 보는 가시광선 영역에서는 광투과율이 98%고, 자외선 영역의 빛은 100% 흡수합니다. 유리창의 일반적인 광투과율이 90% 정도인 것을 감안하면 그래핀 한 층의 광투과율은 매우 높은 편입니다. 하지만 그래핀이 수만 장, 수억 장 겹쳐지면 광투과율은 점점 더 낮아지고, 결국 흑연은 까맣게 보이게 되는 것이죠. 디스플레이에서는 두께가 0.34nm인 그래핀을 이용하기 때문에, 투명함을 유지할 수 있습니다.

맑고 선명한 색감이 가장 큰 경쟁력인 디스플레이 업계에서 광투과율 98%인 그래핀은 탐낼 만한 소재입니다. 더구나 그래핀은 강철보다 200배 이상 단단하고, 다이아몬드보다 열 전달률이 2배나 높습니다. 열 전달률이 높은 소재는 디스플레이에서 발생하는 열을 빠르게 외부로 방출시켜 주기 때문에 발열 문제를 줄여 줄 수 있습니다. 또한 그래핀의 전기전도성은 무려 구리의 100배입니다. 이 모든 것은 그래핀의 특이한 구조 덕분입니다. 그래핀을 현미경으로 살펴보면 육각형이 빼곡하게 찬 벌집 모양입니다. 이 구조는 골고루 분산되기 때문에 아주 튼튼하다는 장점이 있습니다. 탄소가 이런 벌집 구조를 이루려면 일반적인 결합이 아니라 특수한 화학결합을 해야 합니다.

📷 탄소만으로 이뤄진
완벽한 형태의 그래핀

탄소 원자들이 육각형을 이루
며 배열돼 있다. 이런 완벽한
그래핀이 거대한 크기로 만들
어진다면 반도체, 디스플레이
등 전자업계의 판도를 바꿀
수 있을 것이다. 하지만 아직
까지는 불순물이 끼어들어 가
거나 육각형이 아닌 다른 모
양이 만들어지는 등 어려움을
겪고 있다.

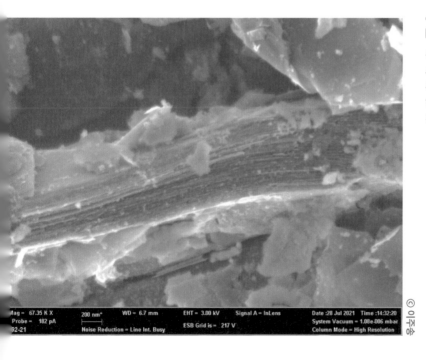

📷 그래핀을 확대한 모습

종이가 쌓인 것처럼 보이는
사진 속 물질이 그래핀이다.
주사형 전자현미경으로 촬영
한 사진을 67,350배 확대한
것이다.

227

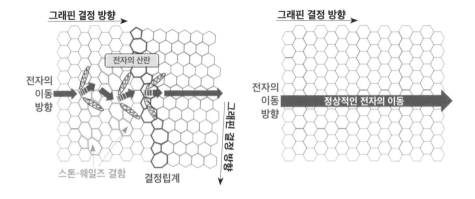

여러 구조의 그래핀   © 이주송

이상적인 그래핀은 탄소 6개가 정육각형을 이루는 구조이지만, 그래핀을 만드는 과정에서 5각형, 8각형 등 다양한 형태의 구조가 만들어지기도 한다. 연구자들은 이 오류를 최대한 줄여 그래핀의 성능을 높이는 데 집중하고 있다.

* 전자의 산란 : 어떤 매질을 진선 경로로 통과하는 빛, 소리, 움직이는 입자 등의 복사(radiation)가 하나 이상의 국부적 불규칙성에 의해 경로를 벗어나는 현상
* 스톤-웨일즈 결함 : 그래핀 구조에서 탄소 결합의 결손으로 발생된 구조적 결함
* 결정립계 : 결정 방향이 다른 그래핀끼리 만나는 지점에서 발생하는 선 형태의 결함

탄소 원자들이 육각형 모양의 평면구조를 이루면 하나의 탄소 원자를 기준으로 3개의 탄소 원자와 결합하게 됩니다. 이들이 결합하려면 가지고 있는 전자 중 1개를 서로 내어 줘야 합니다. 결합에 참여할 수 있는 탄소 원자의 전자는 총 4개인데, 탄소 원자 3개와 결합하고 나면 전자 1개만 남게 됩니다. 이 전자는 어느 한쪽에 치우치지 않고 이웃한 3개의 탄소 어디에든 있을 수 있는 자유로운 상태가 됩니다. 다시 말해 이 전자는 각각의 탄소에 존재할 확률이 동일합니다. 이런 구조를 '공명구조'라고

합니다. 공명구조에서는 전자의 이동이 빠르고 자유롭습니다. 단단하고 전기가 빠르게 통하는 그래핀은 디스플레이 소재로서 완벽한 '스펙'을 갖추고 있는 셈입니다. 실제 한국전자통신연구원ETRI은 2017년 디스플레이의 일부 부품을 그래핀으로 제작하는 데 성공했습니다.

그래핀은 우리의 삶을 어떻게 바꿔 놓을까?

노보셀로프 교수가 노벨상을 받은 2010년만 해도, 학계에서는 "그래핀을 어디다 써야 할지는 확실하지 않지만, 가능성은 무한해 보인다"라는 평이 많았습니다. 그 가능성이 최근 빛을 발하고 있습니다.

그래핀의 무한한 가능성이 가장 먼저 펼쳐질 분야는 역시 디스플레이입니다. 최근 디스플레이 분야의 '핫이슈'는 단연 유연하게 구부러지고 접히는 '플렉시블flexible 디스플레이'입니다. 삼성전자는 2018년 11월 접을 수 있는 '폴더블 폰'을 공개했습니다. 업계에서는 스마트폰을 시작으로 TV, 태블릿 PC 등 다양한 전자기기들도 접을 수 있는 형태로 변해 갈 것이라고 보고 있습니다.

접혀질 정도로 유연한 디스플레이를 만들려면 디스플레이에 들어가는 대부분의 부품이 투명하면서도 유연한 소재여야 합니다. 특히 전류를 흐르게 하는 전극 소재에 대한 연구가 많이 이뤄지고 있습니다. 일반 디스플레이의 경우 투명전극 소재로 산화인듐주석ITO이라는 물질을 사용합니다. 하지만 빛의 투과도가 낮아 화면의 선명도에 한계가 있고, 유리처럼 잘 깨져 플렉시블 디스플레이에는 맞지 않는다는 문제가 있습니다. 게다가 매장량도 한정적입니다. 그래핀은 이런 ITO의 단점을 모두 보완할 수 있는 소재입니다.

디스플레이의 또 다른 트렌드인 '투명 디스플레이' 역시 마찬가지입니다. 투명한 디스플레이는 정말 사용할 곳이 많습니다. 자동차에 관심이 있는 사람이라면 '스마트 윈도'라는 말을 한번쯤 들어봤을 것입니다. 자동차용 스마트 윈도는 투명한 유리 위에 디스플레이를 덧대어 마치 컴퓨터처럼 각종 정보가 뜨고 조작이 가능한 창문입니다. 차 앞 유리가 스마트 윈도라면 내비게이션을 보기 위해 시선을 아래로 내릴 필요 없이, 아주 쉽게 길을 찾아갈 수 있습니다. 자동차 유리뿐만이 아닙니다. 우리가 보는 모든 창문을 디스플레이로 활용할 수 있습니다. 그러기 위해서는 디스플레이의 투명도가 관건입니다. 그래핀으로 지금의 디스플레이보다 2배 이상 투명한 디스플레이를 만들 수 있습니다.

반도체업계에서도 그래핀에게 지속적인 러브콜을 보내고 있습니다. 우리가 사용하는 반도체는 대부분 실리콘을 이용합니다. 반도체 특성이 있는 금속 중 실리콘이 가장 값이 싸고 안정적이기 때문입니다. 그런데 그래핀을 활용하면 이론적으로는 실리콘 반도체보다 처리 속도가 최대

📷 투명 디스플레이 　　　　　　　　　　　　　　　　　　　　　　ⓒ Shutterstock

광투과율이 98%인 그래핀은 디스플레이 소재로 매우 적합하다. 그래핀이 안정적으로 공급될 수 있다면 빠른 미래에 투명 디스플레이를 만날 수 있을 것이다.

142배까지 빨라질 수 있습니다. 현재 기술로는 처리 속도를 약 30배까지 높일 수 있고, 컴퓨터에 사용하는 실리콘 반도체를 그래핀 반도체로 바꾸면 컴퓨터의 연산 속도가 최대 3배 빨라질 수 있습니다. 날씨, 지진 등 각종 기상 상황을 계산하는 슈퍼컴퓨터에 그래핀 반도체가 도입된다면, 자연재해를 지금보다 훨씬 더 빠르고 정확하게 예측할 수 있습니다.

그래핀으로 만든 디스플레이나
반도체는 언제 나오나?

안타깝게도 그래핀으로 디스플레이나 반도체를 만드는 데에는 몇 가지 문제가 있습니다. 테이프를 이용해 한 층의 얇은 그래핀을 떼어낸 물리적 박리법은 그래핀의 존재를 증명할 뿐, 산업적으로 적용하기에는 무리가 있습니다. 디스플레이처럼 큰 면적의 그래핀을 만드는 것이 매우 어렵기 때문입니다.

산업계에서는 대면적의 그래핀을 만들기 위해 여러 방법을 사용하고 있습니다. 그래핀을 만드는 방법에는 다수의 그래핀 층으로 구성된 흑연 결정에서 기계적인 힘으로 한 층을 벗겨내는 물리적 박리법과 화학적으로 박리하는 화학적 박리법이 있습니다. 화학적 박리법은 화학물질을 이용해 여러 층의 그래핀을 산화시켜 그래핀의 덩치를 키운 후에 떼어내는 것으로, 덩치가 커지면 비교적 쉽게 떼어낼 수 있습니다. 떼어낸 산화흑연을 다시 환원시켜 그래핀을 얻습니다.

그리고 실리콘과 탄소로 이뤄진 화합물, 즉 실리콘카바이드탄화규소; SiC를 이용하는 방법도 있습니다. 실리콘카바이드를 약 1,500°C의 고온에서 가열하면, 표면에 있는 실리콘 원자가 날아가고, 탄소 원자들이 다시 자리를 잡으면서 그래핀이 만들어집니다. 이를 '에피텍셜 합성법'이라고 합니다.

가장 넓은 면적의 그래핀을 만드는 데 성공한 방법은 '화학기상증착법'입니다. 화학기상증착법은 뜨겁게 달궈진 기판 위에 기체 상태의 반응물질을 공급해 화학반응을 일으키는 것입니다. 기판 위에는 화학반응을 통해 만들어진 새로운 화합물이 자리 잡게 되는데, 얇은 박막을 씌울 때 많이 쓰이는 방법입니다.

그래핀도 이 방법으로 만들 수 있습니다. 기판 표면에서 탄소가 포함된 화합물이 운동에너지가 큰 기체 물질을 만나 화학반응을 하면 탄소 원자가 분리됩니다. 분리된 탄소 원자가 원자 간의 결합을 통해 육각형 구조를 이루면서 그래핀이 만들어집니다. 서울대 화학과 홍병희 교수팀은 2010년, 화학기상증착법을 활용해 그래핀을 구리 박에 만들어 낸 뒤, 반도체 공정에서 사용하는 장비로 그래핀을 박에서 떼어내어 원하는 표면으로 옮기는 데 성공했습니다.[4] 이미 구축돼 있는 반도체 공정을 사용하기 때문에 제작 비용을 낮출 수 있고, 대면적의 그래핀을 원하는 표면 위에 붙일 수 있어 상업화에 가장 가까이 다가섰다는 평가를 받고 있습니다.

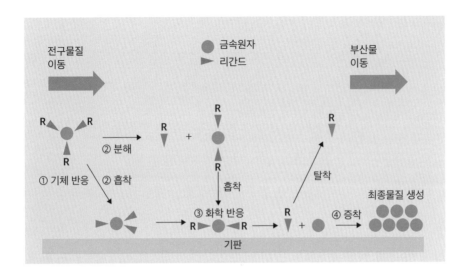

전구물질
이동

● 금속원자
▶ 리간드

부산물
이동

R   R
② 분해   R   +   R
R   R
① 기체 반응 ② 흡착   흡착   탈착
                                                      최종물질 생성

③ 화학 반응   R   ④ 증착
R ▶ ● ◀ R → ▶ + ● →

기판

화학기상증착법의 과정

화학물질이나 기판의 종류에 따라 조금씩 다르지만 화학기상증착법의 기본적인 과정은 같다.
① 금속 원자와 원자에 붙어 있는 작은 화합물(리간드)을 운동에너지가 강한 기체와 반응시킨다.
② 그중 일부는 분해가 되고, 일부는 기판에 흡착된다.
③ 기판에 흡착된 화합물은 화학반응을 통해 금속 원자와 리간드로 다시 탈착된다.
④ 리간드가 떨어져 나간 금속 원자들은 기판에 흡착되어 증착한다.

　　하지만 대면적의 그래핀을 만들 수 있다고 해도 모든 문제가 해결되는 것은 아닙니다. 스마트폰이나 100인치 크기의 TV에 적용하려면 균일한 품질의 디스플레이를 대량생산해야 하기 때문입니다. 한 가지 구조의 그래핀이 안정적으로 공급돼야 한다는 말입니다.

　　노보셀로프 교수가 만든 그래핀은 육각형 모양의 탄소 구조가 정확하게 나열돼 있는 '단결정' 형태의 그래핀입니다. 하지만 이 그래핀을 크고 빠르게 만들다 보면, 만드는 공정 중에 육각형 구조가 흐트러지게 됩니다. 여러 모양의 탄소 구조가 공존하는 '다결정' 형태가 되는 것입니다. 다결정 형태의 그래핀을 보면 육각형, 사각형, 팔각형 등 구조가 다양합니다.

단결정과 다결정을 자동차가 다니는 도로에 비유하면, 뻥 뚫린 고속도로를 달리는 차량과 과속방지턱이 많은 도로를 달리는 차량이라고 할 수 있습니다. 다결정 그래핀은 탄소 간의 결합이 불완전하기 때문에 전자의 이동이 제한적입니다. 이런 불완전한 결합은 전자의 입장에서 과속방지턱 같은 존재입니다. 전자의 흐름이 원활하지 않으니, 그래핀의 전기전도성이 떨어져 상용화 단계로 넘어가기가 어렵습니다.

2000년대 초반 연구자들의 목표가 그래핀 한 층을 얻는 것이었다면, 최근 연구자들의 목표는 대면적의 그래핀을 단결정 형태로 얻는 것입니다. 기술적으로 어려움이 많지만 2014년, 국내 연구진이 웨이퍼 크기의 단결정 그래핀을 합성하는 데 성공했고, 매년 서로 다른 촉매를 이용해 그래핀의 결정성 문제를 보완하는 연구가 발표되고 있습니다. 세계적인 기업들이 그래핀 연구에 투자하고 있는 만큼, 가시적인 성과도 많이 나오고 있습니다. 앞으로 그래핀으로 만들어진 더 완성도 높은 제품을 만나볼 수 있기를 기대합니다.

세상에서 가장 작은 움직임을 만들다

조윤식 전 서울대학교 멀티스케일 에너지과학연구실

"다이폴라 레이서, 선두를 달리고 있습니다. 스위스 팀이 열심히 쫓아가고 있지만 역부족이네요. 8시간째 이어지는 긴 경기에도 다이폴라 레이서, 지칠 줄 모르고 압도적인 1등을 유지하고 있습니다."

2017년 4월 28일, 프랑스 툴루즈 지역에서 긴박감 넘치는 국제자동차경주대회가 열렸습니다. 미국, 일본, 독일, 프랑스 등 6개국이 참여한 이 경기에서 1등을 차지한 팀은 미국, 오스트리아 연합팀인 나노프릭스의 '다이폴라 레이서Dipolar Racer'였습니다. 2등을

압도적인 차이로 이긴 다이폴라 레이서는 8시간이나 되는 오랜 경주 시간 동안 무려 150nm를 나아갔습니다

잠깐, 150nm가 어느 정도 거리인지 감이 오시나요? 이는 독감 바이러스 정도의 크기입니다. 당연히 우리 눈에는 보이지 않죠. 국제자동차경주대회에서도 자동차를 육안으로 확인할 수 없어 프랑스 국립과학연구센터CNRS; Centre National de la Recherche Scientifique의 주사형 터널 현미경을 통해 관찰해야 했습니다. 육안으로 볼 수 없는 이 경기는 나노 단위의 분자기계들이 경주하는 국제자동차경주였습니다. 나노 자동차는 총 90nm의 구불구불한 길을 주행해야 했으며, 경주 시간은 최대 38시간으로 제한되어 있었습니다. 대부분의 나노 자동차는 경주가 시작된 지 얼마 되지 않아 넘어지거나 제대로 움직이지 못해 금방 탈락했습니다.

그렇다면 8시간 동안 150nm를 달린 나노 자동차는 어떻게 생겼을까요? 의외로 일반적인 자동차와 구조는 거의 비슷합니다. 바퀴가 달려 있고, 연결된 몸체도 있으니까요.

이 자동차가 '분자 하나'라는 것이 특별할 뿐입니다. 하나의 분자에 바퀴 형태의 화학구조가 존재하고, 이 바퀴가 몸체에 연결된 채 회전할 수 있습니다. 적당한 자극만 준다면 말이죠. 이 분자는 외부 자극에 따라 마치 자동차처럼 앞으로 나아갑니다. 세상에서 제일 작은 이 자동차를 '분자기계'라고 부릅니다. 누가 왜 이런 작은 자동차를 만든 것일까요?

분자기계는 어떻게 탄생했나?

먼저 분자기계가 무엇인지부터 정확하게 짚고 넘어가야 할 것 같습니다. 분자기계는 말 그대로 '기계'적인 활동을 하는 '분자'를 말합니다. 표준국어대사전에 따르면 분자는 "물질에서 화학적 형태와 성질을 잃지 않고 분리될 수 있는 최소의 입자"입니다. 우리 주변에서 볼 수 있는 모든 물질은 각각의 고유한 성질을 지닌 분자들로 이뤄져 있습니다. 분자의 성질과 분자 사이의 상호작용에 의해 그 물질의 물리적, 화학적 성질이 결정됩니다.

기계의 사전적 정의는 "동력을 써서 움직이거나 일을 하는 장치"입니다. 평소 우리는 휴대전화나 컴퓨터 등을 기계라고 부르지만, 기계의 범위는 훨씬 넓습니다. 집게나 톱니바퀴, 도르래 등과 같이 힘을 받아 움직이며 특정한 기능을 수행할 수 있는 장치라면 무엇이든 기계에 속한다고 할 수 있습니다.

이 두 단어가 합쳐진 분자기계는 '동력을 써서 움직이거나 일을 하는 분자'입니다. 분자기계는 적절한 외부 자극이 있을 때 분자의 일부분이 일정하게 움직입니다. 가령 도넛 형태의 분자가 외부 자극을 받으면 축을 따라 위아래로 움직이는 식이죠. 나노 크기의 분자 움직임을 제어할 수 있는 것입니다.

분자기계는 우연히 탄생했습니다. 20세기 중반, 과학자들은 전통적인 분자와는 다른 새로운 화합물을 합성하고 싶었습니다. 자연에 존재하지 않는 인공적인 분자를 합성하는 것이 이 시대의 '트렌드'였던 것이죠. 경쟁적으로 새로운 분자를 만들던 중, 분자기계의 시초라 불리는 물질이 합성됐습니다. 바로 '카테네인catenane'입니다.

카테네인은 두 개의 고리 형태 분자가 사슬처럼 연결된 구조입니다. 언뜻 보기에는 단순한 구조처럼 보이지만, 나노 단위의 분자 세계에서 카테네인은 전례가 없는 새로운 물질이었습니다. 대부분의 분자는 원자들이 자신의 전자를 공유해서 형성되는 화학결합인 공유결합으로 만들어집니다. 그러나 카테네인은 두 고리 분자 사이가 화학결합이 아니라 사슬과 같은 맞물림을 통해 서로 연결돼 있습니다.

카테네인이 기존의 분자처럼 공유결합으로 연결돼 있었다면, 분자 구조가 바뀌며 일을 하지 못했을 것입니다. 분자 안에서 공유결합은 가장 안정적인 배치를 이루는 결합으로 결합의 위치가 쉽사리 변할 수 없기 때문입니다. 하지만 카테네인은 두 고리가 서로 화학결합으로 형성된 것이 아니라 서로 맞물려 있기 때문에 자유롭게 움직일 수 있습니다.

분자기계는 어떻게 만들 수 있나?

카테네인이 처음 탄생한 것은 1960년대이지만, 1980년대가 돼서야 카테네인을 손쉽게 합성할 수 있게 됐습니다. 눈에 보이지도 않는 고리 형태의 분자를 서로 연결시키는 것은 매우 어려운 일이었으니까요.

카테네인을 손쉽게 합성할 수 있는 방법을 고안한 것은 프랑스 스트라스부르대 장 피에르 소바주Jean Pierre Sauvage 교수입니다. 소바주 교수팀은 카테네인을 간단하고 효율적으로 합성할 수 있는 방법을 개발해《미국화학회지》에 발표했습니다.[1]

카테네인의 합성은 U자 형태의 분자 2개를 사슬처럼 맞물리는 것에서 출발합니다. 마치 명품 패션 브랜드 '샤넬CHANEL'의 로고처럼 말이죠. 이 상태에서 각각의 분자를 닫아 주면 두 개의 고리가 서로 맞물린 형태가

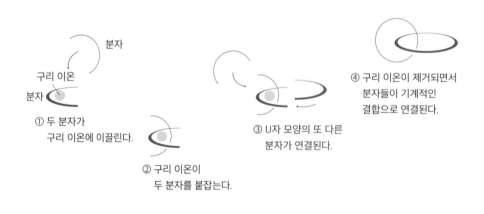

분자

구리 이온

분자

① 두 분자가
구리 이온에 이끌린다.

② 구리 이온이
두 분자를 붙잡는다.

③ U자 모양의 또 다른
분자가 연결된다.

④ 구리 이온이 제거되면서
분자들이 기계적인
결합으로 연결된다.

📷 카테네인 합성 과정

장 피에르 소바주 교수팀은 카테네인을 간단하고 효율적으로 합성할 수 있는 방법을 개발했다.

될 수 있다는 생각이었습니다. 하지만 U자 형태의 분자를 사슬처럼 이어 놓는다고 해도 다음 화학반응 동안까지 그 구조를 유지하는 것은 매우 어려운 일이었습니다.

소바주 교수팀은 구리 이온을 사용해 이 문제를 해결했습니다. 구리 이온은 각각의 U자 분자와 배위결합을 할 수 있기 때문입니다. 소바주 교수는 사슬처럼 맞물린 두 U자 분자의 중심에 구리 이온이 있으면 배위 결합을 통해 사슬구조가 더욱 단단해질 것이라고 생각했습니다. 그의 생각대로 구리 이온을 매개로 단단히 연결된 두 U자 분자는 이후의 합성과 정 중에 사슬구조가 깨지지 않았습니다. 연구팀은 마지막 단계에서 구리 이온을 선택적으로 제거해 카테네인을 얻었습니다.

카테네인은 과학자들에게 분자를 결합하는 새로운 기계적 시스템을 제안했습니다. 작아서 보이지는 않지만, 분자도 우리 주변의 평범한 사물처럼 작동할 수 있다는 인식을 심어 준 것입니다. 카테네인의 성공에 힘입어 1991년, 당시 영국 셰필드대에 소속되어 있던 제임스 프레이저 스토더트James Fraser Stoddart 교수는 고리 형태의 분자가 실 형태의 분자를 관통하는 새로운 구조의 화합물, '로텍세인rotaxane'을 합성했습니다.[2]

로텍세인은 고리 형태의 분자가 실 분자에 맞물리면서 시작합니다. 여기서 중요한 것은 두 가지입니다. 어떻게 고리 형태의 분자가 실 형태의 분자를 통과하느냐, 고리 분자가 실 분자에 꿰어진 뒤, 어떻게 고리가 실을 빠져나가지 않게 유지하느냐입니다.

스토더트 교수팀은 구리 이온 대신에 정전기적 인력을 이용했습니다. 실 모양 분자의 중앙에 음(-)전하를 띤 전자가 밀집하도록 만들고, 고리 형태의 분자의 곡선 안쪽에는 양(+)전하가 밀집하도록 만들었습니다. 두 분자가 가까이 가면 정전기적 인력에 의해 자연스럽게 붙습니다. 마치 목걸이에 달린 펜던트처럼 말이죠.

펜던트가 목걸이를 빠져나가지 못하게 하려면 어떻게 해야 할까요? 목걸이의 양쪽 끝에 커다란 고정물을 만들면 됩니다. 연구팀 역시 실의 양쪽 끝에 부피가 큰 분자를 결합시켜 고리 분자가 빠져나갈 수 없게 만들었습니다. 그 결과 고리가 빠져나가지 않고 실 분자 위를 따라 움직이는 로텍세인이 탄생했습니다.

카테네인과 로텍세인은 기계적 결합을 통해 만들어진 독특한 구조이지만, 이들이 기계처럼 움직이는 것은 불가능합니다. 엄밀하게 말하면 분자기계라기보다는 기계적 결합으로 구성된 분자에 더 가깝습니다. 하지만 이 두 분자구조는 분자기계를 구성하는 기본적인 단위가 됐습니다. 과학자들은 카테네인과 로텍세인을 이용해 원하는 대로 움직일 수 있는 발전된 형태의 분자기계를 고민하기 시작했습니다.

분자기계는 어떤 원리로 움직이나?

로텍세인을 개발한 스토더트 교수팀은 1994년 로텍세인의 구조를 조금 변형해 실의 양쪽 끝에 음전하가 밀집한 새로운 로텍세인을 합성했습니다.[3] 실의 양쪽 끝부분을 A, B 정류장이라고 하겠습니다. 연구팀은 고리 분자가 A 정류장에 위치하는 것이 화학적인 에너지 측면에서 더 안정적이도록 설계했습니다. 외부에서 힘이 가해지지 않는 일상적인 상황에서는 대부분의 고리 분자가 A 정류장에 위치하게 됩니다.

그런데 A 정류장은 화학적으로 반응성이 매우 큰 곳입니다. 비유하자면 평소 A 정류장은 언덕 아래 있어서 접근성이 좋지만, 비가 오면 쉽게 물에 잠기는 곳입니다. 반면 B 정류장은 언덕 위에 있어서 사람들이 잘 가지는 않지만 비나 눈이 와도 끄떡없이 운영되는 곳이죠. 날씨가 좋으면 대부분의 사람들이 A 정류장에 가겠지만 비가 온다면 어떨까요? 다들 B 정류장으로 옮겨갈 것입니다.

새로운 로텍세인도 마찬가지입니다. 평소에는 고리 분자가 A 정류장에 있지만, 분자에 산성 물질을 가하거나 특정한 전압을 가하면 A 정류장은 음전하를 띤 전자를 잃어버리고 오히려 양전하를 띠게 됩니다. 반면 B 정류장은 그대로 음전하를 띠고 있죠.

안쪽에 양전하를 띠고 있는 고리 분자는 A 정류장에서 정전기적 반발

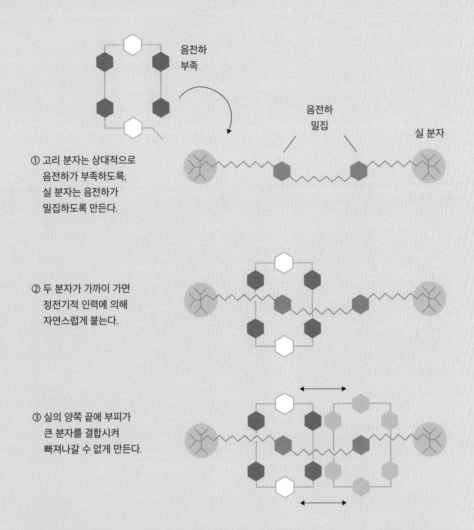

음전하
부족

음전하
밀집

실 분자

① 고리 분자는 상대적으로
음전하가 부족하도록,
실 분자는 음전하가
밀집하도록 만든다.

② 두 분자가 가까이 가면
정전기적 인력에 의해
자연스럽게 붙는다.

③ 실의 양쪽 끝에 부피가
큰 분자를 결합시켜
빠져나갈 수 없게 만든다.

📷 분자 셔틀의 원리

제임스 프레이저 스토더트 교수가 개발한 새로운 로텍세인. 정전기적인 인력을 이용해 두 지역을 이동하는
분자 셔틀을 개발했다.

력을 느끼게 됩니다. 그래서 그곳을 떠나 음전하가 밀집해 있는 B 정류장으로 옮겨갑니다. 이후 다시 염기성 물질을 가하거나 다른 값의 전압을 걸어 주면 A 정류장은 전과 정반대의 화학반응을 일으키며, 원래대로 음전하가 풍부한 상태가 됩니다. 고리 분자는 마치 A와 B 정류장을 왕복하는 셔틀버스처럼 다시 A 정류장으로 돌아옵니다. 화학반응을 통해 우리가 원하는 위치로 고리 분자를 움직일 수 있게 된 것입니다.

선형적으로 움직이는 분자기계는 구현됐지만 과학자들은 여기서 멈추지 않았습니다. 일정한 방향으로 회전하는 분자기계를 개발하기 시작한 것입니다. 하지만 모터와 같은 회전 움직임은 로텍세인처럼 분자 사이의 단순한 인력과 반발력만으로는 구현해 낼 수 없습니다.

이 문제를 해결한 것은 네덜란드 흐로닝언대 베르나르트 페링하Bernard Feringa 교수였습니다. 그는 세계 최초로 한쪽 방향으로만 회전하는 분자기계를 합성하여 1999년 《네이처》에 발표했습니다.[4] 페링하 교수는 특정한 파장의 빛과 열에 반응하는 분자를 이용하는 방법을 선택했습니다.

페링하 교수가 개발한 '분자 모터'는 마치 사람들이 수영할 때 움직이는 팔처럼 작동합니다. 수영할 때 양팔을 앞으로 뻗은 뒤 왼손을 오른손 위로 포갠 자세를 상상해 봅시다. 오른팔을 그대로 둔 상태에서, 왼손이 먼저 오른손을 지나쳐 물속으로 들어갑니다. 그리고 왼팔을 180도 돌려 회전하죠. 이 과정은 크게 두 단계로 나누어 볼 수 있습니다. 왼손이 오른손을 넘어가는 단계와 오른손을 넘어간 왼손이 물속에서 회전하는 단계입니다.

분자 세계에서도 이와 비슷한 상황이 발생합니다. 페링하 교수팀의 분자 모터는 반원 형태의 분자구조가 화학결합을 통해 대칭적으로 연결돼 있습니다. 마치 수영할 때 우리의 손처럼 하나는 위에, 다른 하나는 아래에 포개져 있습니다. 이때 열에너지를 가하면 분자구조가 뒤틀리며 위, 아래로 포개진 구조가 서로 위치를 바꿉니다. 위에 있던 왼손이 오른손 아래로 넘어간 것처럼 말이죠.

그리고 특정 파장의 자외선을 쪼여 주면, 두 분자를 연결하고 있는 화학결합이 180도 회전합니다. 이 상태에서 다시 열을 가하면 분자가 뒤틀리며 다시 포개진 위치를 바꾸고, 자외선을 쪼여 주면 180도 회전을 일으켜 처음 상태로 돌아갑니다. 분자 모터가 한 바퀴 회전한 것입니다. 이 과정이 연속적으로 일어나면, 두 분자의 결합을 축으로 한쪽 방향으로만 돌아가는 분자의 움직임을 만들 수 있습니다.

페링하 교수는 2011년 분자 모터 4개를 마치 자동차의 바퀴처럼 연결한 '나노 자동차'를 개발했습니다. 연구팀은 적절한 외부 자극을 줬을 때, 분자 모터가 회전하며 나노 자동차가 앞으로 나아가는 것을 현미경으로 관찰했습니다.[5] 기계처럼 움직이는 분자를 만들겠다는 과학자들의 염원이 이뤄진 것입니다.

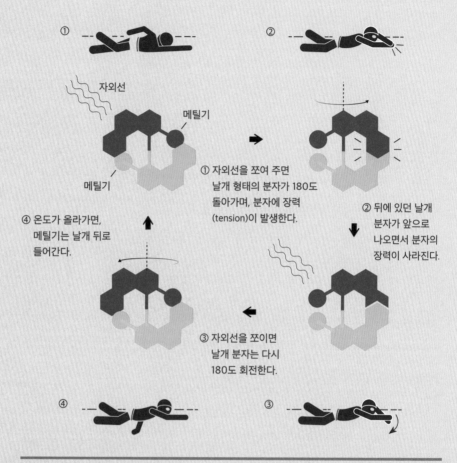

① 자외선을 쪼여 주면 날개 형태의 분자가 180도 돌아가며, 분자에 장력 (tension)이 발생한다.

② 뒤에 있던 날개 분자가 앞으로 나오면서 분자의 장력이 사라진다.

③ 자외선을 쪼이면 날개 분자는 다시 180도 회전한다.

④ 온도가 올라가면, 메틸기는 날개 뒤로 들어간다.

자외선

메틸기

메틸기

📷 분자 모터의 원리

베르나르트 페링하 교수는 세계 최초로 한쪽 방향으로만 회전하는 분자기계를 합성했다.

분자기계는 어디에 사용할 수 있나?

언뜻 생각해 봐도 눈에 보이지도 않는 작은 크기의 자동차를 만드는 것은 결코 쉬워 보이지 않습니다. 물론 과학자들이 심심풀이로 이 물건을 만든 것은 아닙니다. 분자기계는 나노 단위의 미세한 움직임이 필요한 곳이라면 어떤 분야든 상관없이 사용할 수 있습니다.

1987년에 개봉한 〈이너 스페이스Inner Space〉라는 영화가 있습니다. 영화의 배경은 극비로 진행되는 미국의 초소형 비행선 프로젝트입니다. 초소형 비행선의 크기는 적혈구 크기만큼 아주 작습니다. 영화 주인공인 공군 비행사는 이 비행선을 타고 혈관으로 들어가 암세포를 치료합니다. 옛날 영화답게 과학적 오류가 많지만, 아이디어만큼은 허풍이라고만 할 수는 없습니다. 30여 년이 지난 지금, 분자기계가 초소형 비행선 역할을 할 수 있게 됐으니 말입니다.

분자기계의 움직임을 우리가 제어할 수 있다면, 분자기계를 이용해 항암제를 정확히 암세포에 전달할 수 있습니다. 실제 2017년 미국 라이스대 제임스 투어James Mitchell Tour 교수팀은 영국 더럼대, 미국 노스캐롤라이나 주립대 연구팀과 함께 세포막을 뚫을 수 있는 분자기계를 개발해《네이처》에 발표했습니다.[6]

이전에는 전자기장, 온도, 빛, 초음파 등으로 표적세포를 죽이곤 했는

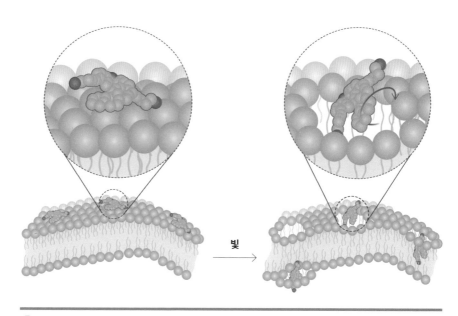

📷 제임스 투어 교수팀이 개발한 분자 드릴

빛을 비추면 양쪽에 길쭉한 날개를 가진 분자 드릴이 회전하며 세포막을 뚫는다.

데, 표적세포뿐 아니라 다른 세포까지 함께 죽인다는 고질적인 문제가 있었습니다. 연구팀은 표적세포의 세포막만 물리적으로 뚫을 수 있는 '분자 드릴'을 개발했습니다. 분자 드릴은 양쪽에 길쭉한 날개가 달린 형태로 자외선을 쪼이면 날개가 초당 200만 회를 회전하면서 세포막을 뚫습니다. 연구팀은 분자 드릴을 이용해 사람의 전립선 암세포의 세포막을 뚫는 데 성공했습니다.

분자기계를 탐내는 곳은 의학계만이 아닙니다. 하루에도 수십 번씩 사용하는 배터리에도 분자기계를 이용할 수 있습니다. 필자의 연구팀에서는 하나의 실 분자에 여러 고리 분자가 꿰어진 '폴리로텍세인polyrotaxane'이라는 분자기계를 이용해 용량은 크고 수명은 긴 차세대 리튬 이온 전지를 개발하고 있습니다.[7]

우리가 사용하는 배터리는 대부분 리튬 이온 전지입니다. 리튬 이온 전지는 에너지를 저장하는 음극 물질로 주로 흑연을 사용했는데, 흑연 대신 실리콘을 사용하려는 연구가 많이 이뤄지고 있습니다. 같은 무게의 실리콘은 흑연보다 10배 정도의 에너지를 저장할 수 있기 때문입니다.

그러나 실리콘으로 바꾸는 데에는 문제가 있습니다. 배터리를 충전해 에너지를 저장하면 흑연의 경우 10% 정도만 부피가 증가하는 반면, 실리콘은 충전 시 부피가 300%나 늘어나기 때문입니다. 보통 배터리의 음극은 그 구조를 안정적으로 유지하기 위해 '바인더'라고 불리는 끈적한 물질로 단단히 고정되어 있는데, 기존의 바인더들로는 부피가 심하게 변하는 실리콘을 튼튼하게 잡아줄 수 없어 음극의 구조가 붕괴되고 맙니다.

필자의 연구팀에서는 기존의 바인더에 폴리로텍세인을 결합한 '분자 도르래'를 개발했습니다. 무거운 물체를 많이 들어야 하는 건설 현장에는 움직도르래를 활용한 기계들이 많습니다. 고리와 실이 함께 움직이는 움직도르래는 힘을 분산시키는 역할을 합니다. 필자의 연구팀이 개발한 분자 도르래 역시 움직도르래처럼 실리콘의 부피가 변하면서 발생하는 힘을 효과적으로 분산시켜 줍니다. 그 결과 음극이 받는 힘은 줄어들고,

구조도 안정적으로 유지할 수 있습니다. 분자기계 덕에 배터리의 용량은 높이면서 수명까지 향상된 전지를 개발할 수 있게 된 것입니다.

분자기계의 태동을 이끈 공로로 베르나르트 페링하, 장 피에르 소바주, 프레이저 스토다트, 세 명의 과학자는 2016년 노벨 화학상을 받았습니다. 노벨위원회는 이들을 노벨상 수상자로 선정하며 이렇게 말했습니다.

> "19세기 산업혁명 이후 우리 삶을 바꾼 기계들과 비교하면, 분자기계는 아직 태동 단계에 불과하다. 하지만 최초의 전기 모터나 스팀 엔진 등 초창기 기계가 개발되기 이전에도 우리는 (과연 이 기계들이 어떻게 우리의 삶을 바꿀지) 고민했다. 분자기계 역시 이들이 가져온 변화만큼 무궁무진한 발전 가능성을 가지고 있다. 우리는 지금 21세기 새로운 산업혁명의 시작을 마주하고 있으며, 다가올 미래는 우리에게 분자기계가 얼마나 우리 삶에 필수적인 요소가 되는지를 보여줄 것이다."

06

미래를 읽는 최소한의 과학지식
젊은 과학자들이 주목한 논문으로 시작하는 교양과학

에너지,
지구를 지킬
남다른 가능성을 찾다

'콘센트 좀비'가 되지 않는 가장 현명한 방법

김세희 한국화학연구원 에너지소재연구센터 선임연구원
이성선 한국세라믹기술원 박사후연구원

우리의 일상을 가장 많이 지배하고 있는 물건은 무엇일까요? 아마 많은 이들이 스마트폰을 꼽을 것입니다. 아침에 일어나면 밤새 누군가에게서 메시지가 오지 않았는지, 오늘 날씨는 어떤지를 확인하고, 학교나 회사를 가는 동안에도 실시간 뉴스나 유튜브 영상을 보곤 하죠. 하루에도 수십 번씩 스마트폰을 만지며 시간을 보냅니다.

스마트폰의 배터리 잔량이 얼마 남지 않아 충전하라고 뜨면 점점 초조해지고 불안해지기 시작합니다. 재빨리 가방을 뒤져 보조 배터리를 찾고, 그마저도 없으면 스마트폰을 충전하기 위해 콘센트가 있는 카페로 들어가 그다지 먹고 싶지 않은 음료를 시키기도 합니다. 진짜 재앙은 카페의 콘센트 자리가 만석일 때죠. 그럼 콘센트 자리가 날 때까지 옆을 서성이며, 배터리가 버텨 주기만을 바랄 수밖에 없습니다.

이렇게 콘센트를 찾아 헤매는 사람들을 '콘센트 좀비'라고 부릅니다. 스마트폰이 활성화되면서 생긴 신조어죠. 배터리가 필요한 전자기기는 스마트폰만이 아니라 노트북, 태블릿 PC 등 많습니다. 언제 방전될지 모르는 배터리의 공포, 벗어날 수 있을까요?

우리가 사용하는 배터리는 어떻게 작동하나?

현재 우리가 사용하는 배터리는 이차전지로 여러 번 충전해서 사용할 수 있습니다. 반면에 한 번밖에 사용할 수 없는 건전지는 일차전지입니다. 이차전지는 외부에서 받은 전기 에너지를 화학 에너지로 바꿔 저장했다가, 필요할 때 다시 전기 에너지로 바꿔 줍니다.

배터리를 분해해 보면 화학물질로 가득 차 있습니다. 그중 가장 많은 것이 이온입니다. 이온은 안정된 원자 상태에서 전자를 더 가지고 있거나 전자를 잃어버려, 양(+) 혹은 음(−)을 띠는 입자입니다. 이차전지는 이온의 성질을 이용해 한쪽에 전자를 모아뒀다가, 필요한 순간에 전자가 한 방향으로 흐르도록 합니다. 전기를 흐르게 하는 것이죠.

이차전지는 이온이 둥둥 떠다니는 전해질과 양극 활물질活物質, 음극 활물질, 양극과 음극을 나누어 주는 분리막으로 이루어져 있습니다. 배터리를 사용하면 전지 안에서 전류가 발생합니다. 전류가 흐르려면 배터리 안의 전자가 음극에서 양극으로 움직여야 하므로, 음극에는 전자를

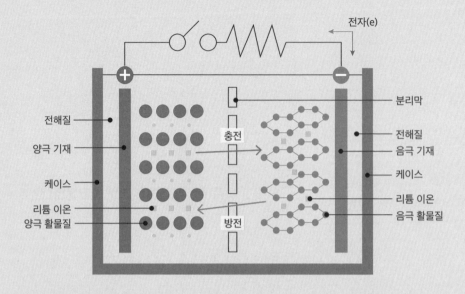

전자(e)

전해질
양극 기재
케이스
리튬 이온
양극 활물질

충전

방전

분리막
전해질
음극 기재
케이스
리튬 이온
음극 활물질

📷 **리튬 이온 배터리의 원리**

리튬 이온 배터리는 전해질, 양극 활물질, 음극 활물질, 분리막으로 구성돼 있다. 배터리를 사용할 때(방전)
는 전자가 전선을 따라 음극에서 양극으로 움직이며 전류를 발생시킨다. 반대로 충전할 때는 양극에 있던
전자가 전해질을 통해 음극으로 이동해 음극 활물질에 저장된다. 배터리의 사용 시간은 전자를 저장할 수
있는 음극 활물질의 능력에 따라 달라진다.

© Wikipedia

📷 **최초의 이차전지**

최초의 이차전지는 프랑스
의 가스통 플랑테(왼쪽) 박
사가 만든 납축전지였다.
초기의 이차전지는 전기전
도성이 높은 금속을 주로
이용했지만 환경오염 문제
와 안전성의 문제로 현재는
리튬 이온을 이용한다.

많이 가진 아연Zn, 납Pb, 리튬Li과 같은 금속을 이용합니다.

배터리를 사용하면 음극에 있던 양이온은 전해질을 따라, 전자는 전선을 통해 양극으로 이동합니다. 양극에 있는 전자가 다시 음극으로 가려면 외부에서 힘을 가해야 합니다. 충전은 전압을 인위적으로 가해 양이온과 전자를 다시 음극으로 보내는 과정입니다.

처음부터 이차전지에 이온을 사용한 것은 아닙니다. 1980년대까지만 해도 이온이 아닌 금속을 사용했습니다. 최초의 이차전지는 1859년 프랑스 국립공예원CNAM; Conservatoire National des Arts et Métiers의 가스통 플랑테Gaston Planté 박사가 발명한 납축전지였습니다. 가격 대비 성능이 뛰어나 지금까지도 자동차, 잠수함, 군용 장비에 널리 쓰이고 있습니다. 이후 1899년 스웨덴의 왕립공과대학KTH Royal Institute of Technology의 발데마르 융그너 Waldemar Jungner 교수가 고출력의 니켈-카드뮴 전지를 발명했습니다.

하지만 중금속인 카드뮴이 환경을 심각하게 오염시키는 문제가 대두되면서, 친환경적인 니켈-수소 전지가 그 자리를 대신했습니다. 최근까지 노트북과 휴대전화에 사용되고 있지만, 100% 완전히 충전하기 전에 사용하거나 다 쓰기 전에 충전하면 배터리 용량이 줄어드는 '메모리 효과' 때문에 배터리의 수명이 매우 짧습니다.

이런 단점을 보완한 최초의 리튬 전지는 1912년이 돼서야 개발되었습니다. 미국 버클리 캘리포니아대 길버트 루이스Gilbert Newton Lewis 교수는

06
에너지, 지구를
지킬 남다른
가능성을 찾다

금속 중에 가장 가볍고 전압이 높은 리튬 금속을 이용했습니다. 하지만 배터리가 충전될 때 발생하는 열 때문에 배터리가 폭발할 수 있다는 연구가 나왔고, 실제 1991년 일본에서 배터리가 폭발해 사람이 얼굴에 화상을 입은 사건이 있었습니다.

이런 안전 문제 때문에 1991년 일본의 '소니'는 최초로 금속이 아닌 리튬 이온을 이용한 배터리를 출시했습니다. 이후 지금까지 스마트폰을 포함해 대부분의 휴대용 IT 기기에 사용되고 있습니다.

우리가 사용하는 배터리의 사용 시간을 더 많이 늘릴 수는 없나?

사실 이 질문은 배터리 연구자들이 들으면 매우 서운할 만한 질문입니다. 배터리의 사용 시간을 늘리기 위해 전 세계의 연구자들이 밤낮없이 연구하고 있지만 생각보다 쉽지 않기 때문입니다.

배터리의 사용 시간이 길다는 것은 용량이 크다는 의미이고, 용량을 늘리는 가장 쉬운 방법은 배터리의 크기를 키우는 것입니다. 전자를 이동시키는 이온이 많아지면 그만큼 전기 에너지를 더 많이 저장하고 사용할 수 있으니까요. 하지만 전자기기의 크기는 점차 작아지고 있죠. 누가 사용 시간을 좀 늘려 보겠다고 집채만 한 스마트폰을 들고 다니겠어요?

배터리의 용량을 늘리는 현실적인 방법은 두 가지입니다. 이차전지에 사용되는 이온의 종류를 바꾸거나, 양극에 사용되는 화학물질을 바꾸는 것입니다. 하지만 리튬을 대체할 만한 화학물질을 찾는 것은 어렵습니다. 역사가 증명하듯이 리튬 이온 전지가 만들어지기까지 160여 년이나 걸렸으니까요.

현재는 리튬 이온 활물질(양극 활물질)의 성능을 향상시키는 연구가 활발히 진행되고 있습니다. 2002년 미국 매사추세츠공대 옛밍 치앙Yet-Ming Chiang 교수는 한국과학기술원 EEWS 대학원의 정성윤 교수와 함께 기존 리튬 이온 전지보다 전기전도성이 1억 배가량 높은 리튬 이온 전지를 개발했습니다.[1] 전기전도성이 높으면 단위 면적당 전력량을 의미하는 전력 밀도가 높아져 훨씬 작은 크기로 동일한 전력을 내는 배터리를 만들 수 있습니다. 충전 속도도 매우 빨라집니다.

연구팀은 전기전도성을 높이기 위해 양극 활물질의 재료를 연구했습니다. 당시 리튬인산철LiFePO4은 에너지 밀도가 높고, 안정적이며 원가가 낮아 학계에서 관심이 많았는데, 전기전도성이 낮은 것이 유일한 흠이었습니다. 연구팀은 밤낮으로 고민하다 이 물질에 알루미늄, 지르코늄 등 몇몇 금속 이온을 넣어 봤습니다. 일종의 불순물을 넣은 것이죠. 결정에 불순물을 넣으면 성질이 바뀌는 경우가 종종 있거든요.

그 결과 리튬인산철의 장점은 그대로 유지되면서 기존의 배터리보다 전기전도성이 1억 배가량 높아졌습니다. 이 논문은 당시 학계를 발칵 뒤

집어 놓았고, 연구팀이 개발한 활물질은 오늘날 이차전지의 표준으로 자리 잡았습니다.

이후 6년 만에 리튬 이온 전지의 사용 시간을 획기적으로 늘린 연구가 다시 등장했습니다. 미국 스탠퍼드대 이 추이Yi Cui 교수는 사용 시간이 기존보다 10배가량 긴 배터리를 만드는 데 성공했습니다. 기존의 리튬 이온 전지는 음극 활물질로 흑연을 이용했습니다. 흑연은 연필심으로 사용될 만큼 값이 싼 데다, 전기전도성 또한 뛰어난 물질입니다.

하지만 흑연은 배터리의 핵심인 리튬 이온을 저장할 수 있는 양이 매우 적다는 단점이 있습니다. 그만큼 배터리의 사용 시간이 짧습니다. 연구팀은 흑연 대신에 실리콘 나노와이어 신소재를 이용해 이 문제를 해결했습니다. 실리콘 나노와이어는 실리콘을 나노 사이즈의 실 형태로 만든 신소재입니다. 종이 두께의 1,000분의 1 정도의 얇은 실리콘 실을 뭉치면 실리콘 나노와이어가 됩니다. 실리콘 나노와이어는 각각의 실에 리튬이 저장돼 배터리 충전량이 10배 이상 늘어납니다. 하루 종일 스마트폰을 만지작거려도 스마트폰이 꺼지지 않는 것은 이러한 연구 덕택입니다.

터지지 않는 안전한 배터리는
언제쯤 개발될까?

연구자들이 한창 배터리의 용량을 늘리는

📷 갤럭시 노트7의 폭발 사고

2016년 갤럭시 노트7의 배터리가 폭발하는 사고가 잇따라 발생했다. 삼성전자는 갤럭시 노트7의 생산 및 판매를 중단하고, 이미 팔린 제품에 대해서도 교환 및 환불을 하기로 결정했다.

연구에 집중하고 있을 때 경종을 울리는 사고가 발생했습니다. 2016년에 발생한 삼성전자의 '갤럭시 노트7' 배터리 폭발 사고입니다. 이 사고는 전 세계적으로 이슈가 됐습니다. 세계 각국의 정부에서는 갤럭시 노트7을 폭발물에 준하는 위험물질로 판단해, 항공기에 가지고 탑승할 수 없도록 제한했습니다. 삼성전자는 갤럭시 노트7의 판매를 중단하고 전량 회수를 결정했지만, 소비자들의 불안은 가시지 않았습니다. 이 사건을 계기로 그동안 안전하다고 믿었던 리튬 이온 전지의 위험성이 알려지며 이차전지의 안전성에 대한 우려의 목소리가 높아졌습니다.

사고가 난 이유는 배터리에 사용하는 액체 전해질과 분리막이 열에 취약하기 때문이었습니다. 외부에서 배터리에 충격을 가하거나 변형시키면 액체가 새거나 접촉에 문제가 생겨 폭발로 이어질 수 있습니다. 이를 해결할 수 있는 방법이 있을까요?

액체 전해질을 고체로 만드는 것입니다. 현재까지 대부분의 고체 전해질은 무기계 전해질이었습니다. 무기계 전해질은 돌가루처럼 단단한 세라믹 소재로 불이 잘 붙지 않아 화재에 강합니다. 하지만 상식적으로 생각해 봐도 액체보다는 고체 덩어리에서 리튬 이온이 움직이기가 더 어렵겠죠? 고체 전해질을 사용한 배터리는 충전에 시간이 더 오래 걸리고, 용량이 낮아 스마트폰과 같은 고성능 기기에는 사용하기 어렵습니다. 이 문제를 해결하기 위한 연구가 전 세계적으로 이뤄졌습니다.

필자가 속한 연구실에서는 액체 전해질과 성능이 유사한 고체 전해질을 개발했습니다. 고체인데 리튬 이온이 잘 움직일 수 있었던 것은 특이한 구조 덕분이었습니다. 필자의 연구팀은 고분자라는 긴 분자 사슬로 이뤄진 물질을 이용했습니다. 여러분이 일상생활에서 쉽게 볼 수 있는 옷, 플라스틱 등이 모두 고분자로 만들어진 것입니다. 이렇게 고체 형태를 갖는 고분자 사이사이에 열에 강한 액체 전해질을 채워서, 고체면서도 리튬 이온이 쉽게 움직일 수 있는 고체 전해질을 개발했습니다. 고체 전해질을 이용한 전지(전고체 전지)는 불 속에서도 정상적으로 작동할 정도로 안전합니다.

학계뿐만 아니라 산업계에서도 전고체 전지에 대한 관심이 뜨겁습니다. 갤럭시 노트7 폭발 사고로 몸살을 앓았던 삼성전자는 전고체 전지 개발에 가장 적극적으로 투자하고 있으며, LG화학, SK이노베이션 등 국내 기업뿐 아니라 구글, 애플 등 글로벌 기업에서도 전고체 전지에 대한 많은 연구와 투자를 하고 있습니다.

미래의 배터리는 어떤 모습일까?

삼성전자가 출시한 폴더블폰 '갤럭시Z 플립' 시리즈의 기세가 무섭습니다. 삼성전자는 2021년 약 800만 대의 폴더블폰을 판매했다고 발표했는데, 이는 전년 대비 4배 이상 증가한 수치입니다.

여러 시장조사업체들은 폴더블폰 시장이 갈수록 성장할 것이라고 보고 있습니다. 글로벌 시장조사업체인 IDC는 폴더블폰 시장이 2025년까지 연평균 69.9%로 고성장을 이어갈 것이며, 2025년 폴더블폰 공급량은 2760만 대에 달할 것이라고 전망했습니다.

폴더블폰이 새로운 트렌드로 자리 잡으면서 배터리 업계에서도 휘어질 수 있는 배터리가 한 축을 담당하게 됐습니다. 현재 상용되는 이차전지는 네모나고 딱딱하기 때문에 폴더블폰에 적용할 수 없습니다. 또, 손

06
에너지, 지구를
지킬 남다른
가능성을 찾다

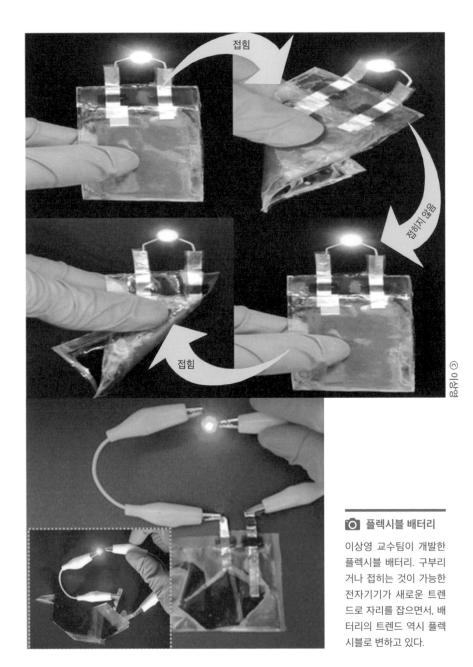

접힘

펼쳐짐

펼쳐짐

접힘

© 이상영

📷 **플렉시블 배터리**

이상영 교수팀이 개발한
플렉시블 배터리. 구부리
거나 접히는 것이 가능한
전자기기가 새로운 트렌
드로 자리를 잡으면서, 배
터리의 트렌드 역시 플렉
시블로 변하고 있다.

전기자동차가 상용화되면 적은 부피에도 사용 시간이 긴 배터리가 필요해질 것이다. 많은 전문가들은 전기자동차의 성능을 결정하는 중요한 요소 중 하나로 배터리를 꼽고 있다.

목시계와 같은 스마트 기기는 배터리가 들어갈 수 있는 공간이 제한적이라 배터리 용량이 작습니다. 만약 배터리가 휘거나 접힐 수 있다면 더 많은 공간에 배터리를 넣을 수 있게 돼 기기를 더 오래 쓸 수 있겠죠.

미국의 MIT, 스탠퍼드대 등 유수 대학과 애플, 구글 등 글로벌 기업에서도 휘어지는 배터리, 즉 플렉시블flexible 배터리를 연구하고 있습니다. 필자가 속한 연구팀에서도 플렉시블 배터리 연구에 주력하고 있습니다. 플렉시블 배터리의 핵심은 '배터리의 구성 요소를 얼마나 부드러운 재료로 만들 수 있는가'입니다. 필자의 연구실에서는 나무에서 추출한 물질인 셀룰로오스를 이용해 배터리를 만들었습니다. 셀룰로오스는 종이를 구성하는 물질로, 가볍고 쉽게 휘어집니다. 또 가격도 싸고 환경에도 문제가 없는 물질이죠. 일종의 '종이 배터리'인 셈입니다.

셀룰로오스를 머리카락의 1만 분의 1 크기로 잘게 쪼갠 나노셀룰로오스 섬유를 이용해 리튬 이온 전지의 전극과 분리막을 만들었습니다. 이렇게 만든 배터리는 종이학을 접을 수 있을 정도로 유연하고, 같은 크기의 딱딱한 리튬 이온 전지보다 용량도 3배 이상 높았습니다. '종이학을 접을 수 있을 정도'라는 말이 우스갯소리 같지만, 실제 연구하는 동안 필자의 연구팀이 개발한 배터리로 종이학을 접는 데 성공하기도 했습니다.

배터리는 시대에 따라 사람들의 요구에 발맞춰 변하고 있습니다. 더 오래가고, 더 작고, 더 유연하고, 더 안전해지는 방향으로 말이죠. 기술의 성장은 빠른 속도로 진행되고, 기술 간의 융합은 생각하지도 못했던 삶의 변화를 불러오기도 합니다. 20년 전만 해도 우리가 스마트폰을 들고 다니고, 기름 한 방울 없이 전기로만 가는 전기자동차를 타고 다닐 줄 알았을까요? 이처럼 배터리의 개발로 우리 삶에는 많은 변화가 찾아오고 있습니다.

06
에너지, 지구를
지킬 남다른
가능성을 찾다

전기를 만들어 내는 나뭇잎, 태양빛을 흡수하다

김영혜 한국과학기술연구원 청정에너지연구소 박사후연구원

"세계 정상들은 지구온난화로 인한 지구의 온도 상승을 막기 위해 오늘 79개국 대기권 상층에 'CW-7'을 살포하기로 결정했습니다."

온난화로 지구가 뜨거워지던 미래의 어느 날, 지구의 온도를 낮추기 위해 대기권 상층에 인공 냉각물질인 CW-7이 살포됩니다. 과학자들은 인공 냉각제 살포가 성공하면 지구의 온도가 적정 수준을 되찾을 수 있을 것이라고 예견하죠. 하지만 그들의 예측과는 달리 계획은 실패로 끝나고, 지구는 5번째 빙하기를 맞게 됩니다. 결국 끝없이 달리는 열차에 올라탄 사람들만이 인류 최후의 생존자로

남습니다.

영화 〈설국열차〉의 내용입니다. 지구는 46억 년 동안 크게 4번의 대빙하기를 맞았습니다. 빙하기마다 공룡, 매머드 등 많은 생물이 멸종했습니다. 미국 캘리포니아대 스크립스해양연구소 더그 맥두걸Doug Macdougall 교수는 《우리는 지금 빙하기에 살고 있다》에서 인류가 지금처럼 온실가스를 배출한다면, 지구는 5번째 빙하기를 맞을 수 있다고 경고합니다.

5번째 빙하기를 막기 위해 사람들은 열심히 나무를 심었습니다. 나무는 온실가스 중 하나인 이산화탄소를 끊임없이 흡수해 산소를 내뱉기 때문입니다. 사람들이 나무를 심는 동안 과학자들은 실험실 한쪽에서 조금 특이한 나뭇잎을 만들고 있습니다. 진짜 나뭇잎과 하는 일은 비슷하지만 번쩍거리는 금속으로 만들어진 잎입니다. 이 잎을 만드는 연구를 '인공광합성artificial photosynthesis'이라고 합니다. 과연 인공광합성은 5번째 빙하기를 막을 수 있을까요?

나무를 심으면 정말로 지구를 살릴 수 있을까?

밥을 먹고 성장하는 인간과 달리 식물은 이산화탄소, 물, 햇빛 이렇게 3가지 양분을 먹고 자랍니다. 고맙게도 식물은 온실가스인 이산화탄소를 흡수한 뒤, 물과 빛을 더해 유용한 영양분을 만듭니다. 이 과정을 광합성이라고 합니다. 식물이 광합성을 많이 할수록 공기 중에 이산화탄소가 줄어들고, 지구온난화를 줄일 수 있습니다. 이 과정에는 오로지 태양 에너지만 쓰이기 때문에 태양계가 멸망하지 않는 한 계속해서 반응을 일으킬 수 있습니다.

하지만 나무에게 지구온난화라는 무거운 짐을 모두 맡겨도 되는 것일까요? 나무를 심는 일은 지구온난화를 줄일 수 있는 좋은 방법이지만, 문제는 속도입니다. 나무가 꾸준히 이산화탄소를 줄여 주고 있지만, 인간은 더 빠른 속도로 이산화탄소를 만들어 내고 있으니까요. 석탄 연료를 사용해 자동차를 타고 공장을 돌리면서 밤낮 할 것 없이 많은 양의 이산화탄소를 배출하고 있죠.

광합성이 일어나는 속도는 우리가 이산화탄소를 배출하는 속도보다 매우 느립니다. 더구나 광합성의 효율은 5% 정도로, 가성비가 매우 낮은 반응이죠. 날이 좋지 않아 햇빛이 없는 날이면 이마저도 일어나지 않습니다. 온 지구를 초록 숲으로 뒤덮는다고 해도, 매년 늘어나는 이산화탄소 배출량을 따라잡기에는 역부족입니다. 이런 이유로 과학자들은 여러 재료를 이용해 식물의 광합성보다 더 효율적이고 속도가 빠른 인공광합성을 연구하고 있습니다.

인공광합성은 식물의 광합성과
어떻게 다른가?

식물의 광합성과 인공광합성의 작동원리는 같습니다. 이산화탄소, 물, 햇빛을 이용해 쓸모 있는 연료를 만드는 것입니다. 하지만 인공광합성의 최종 목표는 자연의 광합성과는 다릅니다. 자연이 필요로 하는 연료와 인간이 필요로 하는 연료가 다르기 때문입니다.

식물에서 최종적으로 생산하는 연료는 포도당입니다. 포도당은 식물의 기본적인 뼈대를 이루는 물질로, 인간도 포도당을 먹고 에너지를 얻습니다. 하지만 자동차가 굴러가려면 포도당이 아니라 휘발유가 필요합니다. 휘발유는 엄청나게 길고 복잡한 형태의 화학물질로, 인위적으로 합성해 내기가 어렵습니다. 그래서 아직까지 인공광합성으로 휘발유를 직접 생산할 수는 없습니다. 하지만 이를 대체할 수 있는 수소 에너지, 전기 에너지, 알코올 에너지는 인공광합성 반응으로 얻을 수 있습니다.

실제 3세대 태양전지라고 불리며, 상용화를 목전에 두고 있는 염료감응형 태양전지는 인공광합성을 이용합니다. 스위스 로잔연방공대 마이클 그라첼Michael Grätzel 교수가 1991년 《네이처》에 처음 제안한 전지로 식물의 광합성을 모방했습니다.[1] 나뭇잎에는 잎을 푸르게 보이게 하는 엽록소라는 색소가 있는데, 이 색소는 광합성 과정에서 빛을 받아 에너지를 만드는 역할을 합니다.

06
에너지, 지구를
지킬 남다른
가능성을 찾다

마이클 그라첼 교수

© Michael Grätzel

　그라첼 교수가 제안한 전지에서는 반도체 물질에 도포된 염료가 엽록소 역할을 합니다. 염료는 빛을 받으면 전자를 만들어 내 전기를 흐르게 합니다. 생산하는 데 드는 비용은 일반적인 실리콘 태양전지의 20%밖에 되지 않는 데다, 10년 이상 유지된다는 장점이 있습니다. 이 전지를 개발한 그라첼 교수는 매년 노벨상 후보에 거론될 만큼 위대한 화학자로 평가받고 있습니다.

　인공적으로 만들어진 잎은 어떻게 생겼을까요? 당연히 나뭇잎과는 모습이 다릅니다. 잎처럼 말랑하지도 않고 초록빛을 내지도 않습니다. 잎에서는 초록빛을 내는 엽록소가 빛을 흡수해 빛에너지를 광합성에 관여하는 단백질에 전달합니다. 과학자들이 완벽한 체계를 갖춘 나뭇잎의 구조를 사용하지 않는 이유는 너무 금방 변하거나 부서져 버리기 때문입니다. 외부 환경에 예민하게 반응하는 단백질은 인간이 원하는 에너지를 끊임없이 만들어 낼 수 없습니다.

안정적이고 가성비 높은 인공 잎을 만들기 위해 연구자들은 단백질 대신 강하고 튼튼한 금속과 반도체를 이용합니다. 다만, 이런 재료들은 잎의 단백질처럼 정교하지 않기 때문에, 재료를 미세한 나노 크기로 변형하거나, 서로 다른 재료를 적절히 섞는 하이브리드 구조로 만들어야 합니다.

인공광합성은 어떻게 시작되었나?

"모든 곳에 유리로 만든 건물이 세워진다. 유리 건물 안에서는 지금까지 우리가 알지 못했던 식물의 광화학 과정이 일어난다. 하지만 자연과 다르게 인간의 산업에 맞는 풍요로운 열매를 맺는다. 자연은 서두르지 않지만 인간은 서

두르기 때문이다. 삶과 문명은 태양이
빛나는 한 계속된다."

　　　　지금으로부터 무려 100여 년 전에 이탈리아
의 한 과학자는 '유리관의 숲'을 예견했습니다.[2] 유리관의 숲이란 식물이
가진 고유한 능력, 즉 광합성을 인간의 필요에 맞게 구현한 인공 숲입니
다. 이 숲을 제안한 과학자 자코모 치아미치안Giacomo Ciamician은 식물이
광합성을 하는 것처럼 인간도 빛으로부터 깨끗한 연료를 생산하는 숲을
만들어야 한다고 주장했습니다. 나무를 무작정 심는 것이 아니라 우리에
게 필요한 연료를 합성하는 나무를 만들어야 한다는 것이죠.

　　치아미치안의 이런 발상은 천재적이라고 할 만큼 신선했지만, 석유가
차고 넘쳤던 100여 년 전에는 대체 에너지를 개발해야 할 이유가 없었습
니다. 결국 그의 아이디어는 큰 주목을 받지 못하고 자연스럽게 역사의
뒤안길로 사라지는 듯했습니다.

　　하지만 60여 년이 흐른 1970년대부터 인공광합성 연구가 본격적으로
이뤄지기 시작했습니다. 일본 도쿄과학대 후지시마 아키라藤嶋昭 교수는
반도체 성질을 가진 이산화티타늄TiCO이 빛을 받으면 물을 분해할 수 있
다는 사실을 발견했습니다. 반도체 물질이 빛을 흡수해 새로운 에너지를
발생시킨다는 사실은 이미 알려져 있었지만, 흡수한 빛에너지를 직접 사

📷 **인공광합성 시연**

한국과학기술연구원 청정에너지연구센터에서 개발한 인공광합성 시스템. 태양전지처럼 패널형으로 만들어졌고, 태양빛을 흡수해 화학 원료를 생산해 낼 수 있는 시스템이다.

용해 다시 새로운 화학반응을 일으킨 것은 후지시마 교수팀이 처음이었습니다.

이 연구가 주목받은 이유는 빛에너지만을 이용해 물을 분해할 수 있었기 때문입니다. 물H_2O을 분해하면 산소O_2와 수소H_2로 나누어지는데, 수소는 아주 유용한 대체 에너지입니다. 하지만 물을 분해하는 데 너무 많은 에너지가 들어가기 때문에, 물 대신 천연가스로부터 수소 에너지를 얻어

왔습니다. 후지시마 교수팀은 추가적인 에너지를 사용하지 않고, 빛에너지만으로 물에서 수소 에너지를 얻어 내는 방법을 찾아낸 것입니다. 반도체 물질을 물에 넣고 빛만 쪼여 주면 손쉽게 수소 에너지를 얻을 수 있었습니다. 이 연구로 광촉매물질이 물을 분해할 수 있다는 사실이 알려졌고, 여러 반도체 물질을 이용한 인공광합성 연구에 불이 붙기 시작했습니다.

하지만 후지시마 교수팀의 연구는 자외선과 같은 강한 빛에너지를 이용해야만 반응이 진행된다는 한계가 있었습니다. 햇빛에는 자외선, 가시광선, 적외선이 모두 포함돼 있습니다. 그중 가시광선이 가장 많이 존재합니다. 때문에 나뭇잎은 가시광선을 이용해 광합성 반응을 하도록 진화해 왔습니다. 하지만 후지시마 교수팀의 인공광합성은 햇빛 중에서도 자외선만 이용할 수 있어, 햇빛을 이용하면 효율이 매우 낮습니다. 많은 과학자들이 여러 방면에서 이 문제를 고민했지만 쉽사리 해결하지 못했습니다.

그러던 2011년 드디어 인공광합성의 효율을 눈에 띄게 높인 연구가 발표됐습니다. 미국 하버드대 대니얼 노세라Daniel Nocera 교수는 후지시마 교수팀의 연구와 마찬가지로 빛을 받아 물을 분해하는 방식의 인공 나뭇잎을 개발했습니다.[3] 이 인공 나뭇잎은 실제 나뭇잎처럼 가시광선을 활용하면서도 광합성 과정이 자연계의 광합성보다 훨씬 간단해 효율이 무려 10배 이상 높았습니다.

미래를
읽는
최소한의
과학지식

노세라 교수팀은 광촉매를 코팅한 실리콘웨이퍼*를 활용해 진짜 나뭇잎처럼 하나의 판 형태의 인공광합성 장치를 만들었습니다. 장치의 규모를 획기적으로 줄인 것입니다. 이 작은 인공 나뭇잎은 발전 시설이 부족한 개발도상국에서 유용하게 사용되고 있습니다. 1L도 채 되지 않는 물로 24시간 동안 100와트의 전기를 공급할 수 있습니다. 노세라 교수팀의 인공 나뭇잎은 값싼 재료로 만들어진 데다 효율이 매우 높아 실용적이고 가성비가 좋은 장치로 평가받고 있습니다. 일상에서 사용할 수 있는 진정한 의미의 인공광합성이 탄생한 것입니다.

인공광합성으로 연료를 만들 수는 없나?

초기 인공광합성은 물을 분해하는 반응이 주였습니다. 그러던 중 몇몇 과학자가 광합성의 또 다른 필수 요소인 이산화탄소로 눈을 돌리기 시작했습니다. 탄소를 가지고 있는 이산화탄소를 잘 전환하면 쓸모 있는 연료를 만들 수 있을 것이라고 생각한 것입니다.

2000년대에 들어서며 지구온난화가 빨라지고, 교토의정서, 파리협약과 같은 국제적인 이산화탄소 배출 규제가 의무화되면서 이산화탄소를

---

* 순도 99.9999%의 단결정 규소를 얇게 잘라 표면을 매끈하게 다듬은 것으로 집적회로를 만들 때 주로 쓰이는 얇은 규소판이다.

06
에너지, 지구를
지킬 남다른
가능성을 찾다

활용하는 연구가 주목받았습니다. 물 분해반응은 에너지를 얻을 수 있지만, 이산화탄소를 전환하면 에탄올, 메탄올, 프로판올 등 고부가가치의 다양한 연료를 얻을 수 있습니다. 화석 에너지를 대체할 만한 좋은 '기름'을 얻을 수 있는 데다 온실가스인 이산화탄소는 줄일 수 있는 일석이조의 훌륭한 반응이죠.

이산화탄소를 전환하는 가장 실용적인 반응은 바로 전기분해입니다. 일본 치바대 호리 요시오 교수는 이산화탄소에 전기를 가해 일산화탄소, 메탄올CH_3OH, 메탄CH_3, 에틸렌C_2H_5OH 등 다양한 연료를 만들어 내는 데 성공했습니다.[4] 탄소 1개 혹은 2개로 이뤄진 작은 탄소 연료로, 이산화탄소를 이용해 유용한 연료를 만들어 낸 최초의 사례입니다.

호리 교수의 연구를 시작으로 이산화탄소를 전환하는 화학적인 과정에 대한 많은 후속 연구가 이뤄졌습니다. 그 결과 최근에는 인공광합성을 통해 탄소 3~4개로 이뤄진 고밀도의 연료도 만들어 내고 있습니다. 연구가 조금 더 발전한다면 이산화탄소에서 휘발유와 수십 개의 탄소로 이뤄진 고분자 플라스틱까지 만들 수 있는 시대가 올 것입니다.

지금까지 우리는 자연의 광합성으로부터 얻은 화석연료를 땅속에서 꺼내 엔진을 돌려 왔습니다. 하지만 그 결과 빙하가 녹아 내리는 등 유래 없던 자연재해가 생기고 지구는 하루가 다르게 변하고 있습니다. 이제 우리의 필요에 맞는 광합성을 개발해 연료를 얻고 깨끗한 방식으로 엔진을 작동시키는 시대를 열어가야 합니다. 최근 인공광합성 연구는 실제 이런 변화가 가능하다는 것을 증명하고 있습니다. 또 광합성 외에도 자연에서 영감을 받은 다양한 재생 에너지의 생산과 저장에 대한 연구가 진행되고 있습니다. 결국 모든 해답은 자연에 있고, 자연을 본받는 것이 이 시대의 과학입니다.

06
에너지, 지구를
지킬 남다른
가능성을 찾다

03
바이오플라스틱

플라스틱으로 오염된
지구를 살려라!

구준모 한국화학연구원 바이오화학연구센터 선임연구원

          2018년 스타벅스가 종이 빨대를 처음 도입한 이후, 많은 카페, 음식점들이 플라스틱 빨대의 사용을 줄이고 있습니다. 지금이야 종이 빨대, 친환경 빨대가 익숙하지만 당시 소비자들의 불편함이나 비싼 단가를 생각하면 쉽지 않은 결정이었을 것입니다.

  2015년 남아메리카 대륙의 코스타리카 해변에서 발견된 바다거북의 영상이 이런 결정을 내리는 데 도화선이 됐습니다. 화면 속 거북이의 코에 인간이 버린 플라스틱 빨대가 꽂혀 있었습니다. 빨대를 빼자 코에서 피가 흘러내렸고, 거북이는 매우 괴로워했습니다. 이 영상은 많은 사람을 충격에 빠뜨렸고, 우리가 플라스틱을 너무 남용하고 있는 것은 아닌지 되돌아보는 계기가 됐습니다.

  사실 플라스틱은 우리의 생활을 매우 편리하게 해 줬습니다. 원하는 모

양으로 쉽게 가공할 수 있다는 의미의 그리스어 '플라스티코스plastikos'에서 유래한 플라스틱은 열과 압력을 가해 모양을 쉽게 바꿀 수 있는 고분자 화합물입니다. 가격이 매우 저렴한 데다 가공이 쉽고 내구성까지 좋아 여러 제품을 만드는 데 사용돼 왔습니다. 특히 의학계에서는 플라스틱으로 만든 일회용 주사기가 발명되면서 질병 관리가 가능해졌습니다.

이렇다 보니 우리가 사용하는 플라스틱의 양은 어마어마합니다. 2015년까지 약 83억 톤의 플라스틱이 만들어졌고, 지금도 1초에 2만 개의 플라스틱 병이 사용되고 있습니다. 1년에 다 쓰고 폐기되는 플라스틱은 6,300톤에 이릅니다. 이대로 괜찮을까요?

플라스틱으로 인한 환경오염, 얼마나 심각한 상황인가?

태평양에는 섬이 많습니다. 대부분의 섬은 머나먼 옛날, 화산이 분출하거나 지각변동을 일으키며 만들어졌지만 이 중에는 우리가 만들어 낸 섬도 있습니다. 바로 '쓰레기 섬'입니다. 태평양의 쓰레기 섬, 'GPGPGreat Pacific Garbage Patch'는 1조 8000억 개의 플라스틱 쓰레기로 이뤄진 섬입니다. 면적은 우리나라의 15배나 됩니다. 이 섬이 발견된 후 환경단체에서는 국제연합UN에 이 섬을 정식으로 인정해 달라고 요청했고, 현재 GPGP는 국기와 화폐가 존재하는 섬이 됐습니다.

📷 **쓰레기 섬**

플라스틱 사용량이 늘어나면서 지구 곳곳에는 플라스틱으로 이뤄진 쓰레기 섬이 생겨나고 있다. 태평양에 만들어진 쓰레기 섬 'GPGP'의 면적은 무려 우리나라의 15배나 된다.

플라스틱 오염의 심각성을 알리기 위한 환경운동인 셈이죠.

GPGP에는 다양한 크기의 플라스틱이 있습니다. 50cm 이상의 거대한 플라스틱이 가장 많은데, 주로 그물이나 어망입니다. 이런 플라스틱은 주변에 거대한 장벽을 설치해 건져 올리는 방식으로 느리지만 조금씩 없애 나갈 수 있습니다. 문제는 5mm 이하의 아주 작은 플라스틱입니다. 이런 작은 플라스틱을 '미세 플라스틱' 혹은 '마이크로비드'라고 합니다.

'작은 플라스틱을 쓰는 사람이 어디에 있나' 싶었지만 여러분 집에도 수억 개의 미세 플라스틱이 있습니다. 얼굴이나 몸의 각질을 제거하는 데 사용하는 각종 각질제거제, 스크럽 제품에는 엄청난 양의 미세 플라스틱이 들어 있습니다. 한 번 씻을 때마다 그 엄청난 양의 미세 플라스틱이 강이나 바다로 흘러가고 있는 것입니다. 우리가 사용하는 플라스틱 제품에서 깎여 나가는 미세 플라스틱의 양도 어마어마합니다. 눈에 잘 보이지 않고, 직접적인 피해를 느끼지 않기 때문에 그동안 우리는 미세 플라스틱의 위험성을 간과해 왔습니다. 하지만 미세 플라스틱은 우리의 예상보다 훨씬 위험합니다.

크기가 워낙 작다 보니 바다에 사는 많은 생물이 미세 플라스틱을 삼킬 수 있습니다. 실제 동물성 플랑크톤의 절반 이상이 미세 플라스틱에 노출된 지 3시간 만에 미세 플라스틱을 섭취합니다. 동물성 플랑크톤은 해양 생태계의 먹이사슬에서 가장 아래 단계에 있는 생물이기 때문에, 바다에 사는 모든 생물에게 미세 플라스틱이 퍼져 나갈 수 있습니다. 이렇게 미세 플라스틱을 먹은 해양생물은 결국 인간의 밥상에 올라오게 되죠. 그 결과 전 세계 인구가 1인당 매주 먹는 미세 플라스틱은 2,000여 개에 달한다고 합니다. 이를 무게로 환산하면 5g 정도 매주 신용카드 한 장을 먹고 있는 셈입니다.

아마 저와 여러분은 평균값보다 조금 더 많은 미세 플라스틱을 먹고 있을지도 모릅니다. 2018년 과학학술지 《네이처 지오사이언스》에 실린 논문에 따르면 미세 플라스틱에 오염된 지역의 2위, 3위가 한국으로 2위가 인천, 3위가 낙동강 하류였습니다.[1] 그만큼 우리는 미세 플라스틱에 많이 노출돼 있습니다. 우리 몸에 쌓인 미세 플라스틱의 일부는 차곡차곡 축적됩니다. 몸에 미세 플라스틱이 쌓이면 소화에 문제가 생길 수 있고, 그와 함께 플라스틱을 만들 때 쓰이는 내분비계 교란물질이 체내에 쌓이면 훨씬 심각한 문제가 발생할 수 있습니다.

플라스틱으로 망가지는 환경은 해양 생태계뿐만이 아닙니다. 대기도 마찬가지입니다. 플라스틱은 석유에서 얻어낸 원료로 만드는데 그 과정에서 많은 양의 이산화탄소가 배출됩니다. 이산화탄소는 지구 온도를 높이는 대표적인 온실가스입니다. 플라스틱 1kg을 만드는 데 발생하는 이산화탄소 양이 무려 6kg입니다.

하지만 더 큰 문제는 플라스틱을 폐기할 때입니다. 폐플라스틱은 분별과 압축 과정을 통해 고형 연료로 만들어집니다. 고형 연료는 많은 에너지를 만들어 내지만, 유해물질 또한 많이 배출합니다. 이런 유해물질은 미세먼지를 만드는 주범입니다. 때문에 세계 각국에서는 고형 연료의 제조와 사용을 일부 규제하고 있습니다. 그렇다면 다 사용하고 난 폐플라스틱을 처리할 수 있는 최후의 방법은 땅에 매립하는 것뿐입니다. 2019년 3월 미국의 CNN은 우리나라 경북 의성군에 위치한 폐기물 처리장을 '쓰레기 산'이라고 표현하며 집중 보도했습니다. CNN은 "한국의 1인당 연간 플라스틱 소비량은 132kg으로 세계 최대 수준"이라며 플라스틱 사용을 줄이기 위한 대책이 필요하다고 했습니다.

미래를
읽는
최소한의
과학지식

플라스틱 문제를 어떻게 해결할 수 있나?

현재 우리나라는 제조, 폐기 과정에서 환경 오염물질이 나오는 제품에 부과하는 세금인 '환경세', 이산화탄소를 배출하는 화석 에너지의 사용량에 따라 부과하는 '탄소세' 등 다양한 방법으로 플라스틱 사용을 규제하고 있습니다. 또 플라스틱의 재활용을 적극 권장하고 있습니다.

하지만 플라스틱을 재활용하는 것이 생각만큼 쉽지는 않습니다. 한국 포장재 재활용사업공제조합에 따르면 2015년 국내에서 생산된 페트병 중 재활용이 쉬운 제품은 전체 플라스틱의 1.5%에 불과하다고 합니다. 그 이유는 간단합니다. 재활용하는 것보다 폐기하는 것이 더 저렴하기 때문입니다. 우리가 자주 마시는 음료수 병만 생각해 보더라도, 병에 공업용 접착제, 형형색색의 비닐이 붙어 있습니다. 병을 재활용하려면 이 모든 부속물의 성분을 분리시켜야 합니다. 여기에 드는 비용이 어마어마하기 때문에 제조업체 입장에서는 차라리 폐기하는 것이 더 경제적이라는 것입니다.

비닐봉지 대신에 천 장바구니를 들고 다니거나 플라스틱 일회용 잔 대신 텀블러를 사용하는 것은 어떨까요? 물론 장기적으로 봤을 때 매우 좋은 방법입니다. 하지만 덴마크 정부의 연구결과에 따르면 비닐봉지 1장을 만들 때 배출되는 이산화탄소 양이 천 장바구니를 만들 때 배출되는 이산화탄소 양보다 훨씬 적다고 합니다. 천 장바구니가 비닐봉지보다 환경에 도움이 되려면 7,100번 이상을 사용해야 합니다.

이런 이유로 학계에서는 플라스틱은 플라스틱으로 맞서야 한다는 의견이 나오고 있습니다. 바로 바이오플라스틱을 이용하자는 것이죠. 기존의 플라스틱은 대부분 석유를 이용해 만들지만 바이오플라스틱은 석유 대신 재생 가능한 원료로 만듭니다.

바이오플라스틱은 크게 생분해성 플라스틱과 바이오매스 기반의 플라스틱으로 나뉩니다. 우리가 알고 있는 바이오플라스틱은 생분해성 플라스틱입니다. 생분해성 플라스틱은 분해가 가능한 구조로 설계돼 있어, 폐기할 때 유해물질 없이 완전히 분해됩니다.

바이오매스 기반의 플라스틱은 옥수수, 과일 껍질, 게 껍데기 등 자연에서 얻을 수 있는 연료, 즉 바이오매스로 만들어집니다. 바이오매스는 지구온난화의 주범인 이산화탄소를 추가로 만들어 내지 않기 때문에 지구온난화의 대책 중 하나로 거론되고 있습니다. 바이오매스가 연소할 때 배출되는 이산화탄소는 식물이 광합성을 하며 흡수한 이산화탄소고, 배출된 이산화탄소는 다시 식물이 흡수하기 때문입니다. 전체로 보면 이산화탄소의 증가가 없는 셈입니다. 두 종류의 바이오플라스틱 모두 서로 다른 방식으로 환경에 기여하고 있습니다.

바이오플라스틱의 필요성은 비교적 최근에 거론되기 시작했지만, 처음 등장한 것은 1800년대입니다. 1800년대 미국에서는 당구가 큰 인기였습니다. 당시에는 당구공을 코끼리 상아로 만들었는데, 당구의 인기가 점점 높아지면서 당구공의 수요도 급증했지만 상아는 한정적이었습니다. 그러자 당구공 제조회사였던 뉴욕상회에서는 1869년 1만 달러의 상금을 걸고, 상아를 대체할 재료를 수배하기 시작했습니다. 미국에서 인쇄공으로 일하던 존 웨슬리 하이엇John Wesley Hyatt은 식물의 섬유소인 셀룰로오스를 기반으로 한 인류 최초의 플라스틱, 즉 '셀룰로이드celluloid'를 개발했습니다. 아이러니하게도 환경오염의 주범으로 손꼽히는 플라스틱의 시초가 바로 바이오플라스틱이었습니다.

이후 바이오플라스틱은 느리지만 꾸준히 개발돼 왔습니다. 현재 가장 많이 사용되는 바이오플라스틱은 옥수수 전분에서 추출한 원료로 만든

© Shutterstock

📷 **생분해성 플라스틱 PLA**
PLA는 옥수수 전분에서 추출한 원료로 만들었다. 아이들 장난감을 포함한 여러 제품에 널리 쓰이고 있다.

06
에너지, 지구를
지킬 남다른
가능성을 찾다

'PLAPoly Lactic Acid'로, 아기들이 사용하는 제품에 많이 사용되고 있습니다. PLA는 주로 옥수수에서 얻어지는 젖산lactic acid과 락티드lactide라는 단량체*를 이어서 만듭니다.

1930년 미국의 화학회사 듀폰의 화학자인 월리스 캐러더스Wallace Carothers는 젖산과 락티드를 사슬과 같은 구조로 연결할 수 있다는 사실을 발견했습니다.[2] 캐러더스가 발견한 합성법으로 PLA가 탄생하게 된 것입니다.

바이오플라스틱은 기존의 플라스틱을
대체할 수 있을까?

바이오플라스틱에 대한 연구는 갈수록 더 많이 이뤄질 것으로 보입니다. 바이오플라스틱의 수요가 전 세계적으로 늘어나고 있으며, 최근 소비자들이 친환경 제품을 선호하는 데다가 여러 나라가 분해가 잘 되지 않는 플라스틱에 대한 규제를 강화하고 있기 때문입니다.

또한 바이오플라스틱의 유일한 단점이었던 가격 경쟁력 역시 조금씩 나아지고 있습니다. 기술의 발전으로 바이오플라스틱을 제조하는 데 드

---

* 고분자를 형성하는 단위 분자를 말한다. 예를 들어 포도당이 길게 이어진 녹말이나 셀룰로오스의 단량체는 포도당, 단백질의 단량체는 아미노산이다.

는 비용이 점점 낮아지고 있고, 석유와 천연가스의 가격이 오르면서 기존의 플라스틱 가격 역시 덩달아 오르고 있기 때문입니다. 과학기술정보협의회는 바이오플라스틱의 세계시장규모가 2020년 104억 6200만 달러(약 11조 5000억 원)에서 2025년에는 279억 690만 달러(약 30조 6900억 원)까지 커질 것이라고 예측하고 있습니다.

전 세계의 다양한 기업과 연구진이 기존의 플라스틱을 완벽하게 대체할 수 있는 바이오플라스틱을 개발하는 데 매진한 결과가 최근 조금씩 빛을 발하고 있습니다. 2018년 핀란드의 국영 정유회사인 네스트Neste는 기존의 플라스틱 원료인 폴리프로필렌polypropylene을 대체하기 위해 바이오폴리프로필렌을 개발해 세계적인 가구 회사인 이케아IKEA에 공급하기 시작했습니다.

또한 유럽에서는 2018년부터 독일, 이탈리아, 스페인 등 7개국의 12개 기업 및 기관이 모여 나일론을 대체할 수 있는 바이오나일론을 개발하는 '프로젝트 이펙티브project EFFECTIVE'를 진행하고 있습니다. 지속적으로 공급할 수 있는 원료를 이용해 오랫동안 사용할 수 있고 재활용까지 가능한 제품을 만드는 것이 목표입니다.

'취지는 좋지만 정말 자연에서 얻어지는 재료로 기존의 플라스틱을 대체할 수 있을까' 싶지만 실제 바이오플라스틱으로 자동차를 만든 사례도 있습니다. 2018년 네덜란드 아인트호반기술대학의 연구팀은 설탕으로

06
에너지, 지구를
지킬 남다른
가능성을 찾다

차대를 만들고, PLA로 차체를 만들었습니다. 바이오플라스틱으로 만든 이 차는 온갖 기후에도 잘 견뎌냈으며, 최고 속도가 시속 100km 정도로 240km까지 주행이 가능했습니다. 기존의 차를 대체할 수는 없지만, 바이오플라스틱의 발전을 단적으로 보여 주는 재미있는 실험이었습니다.

우리나라도 바이오플라스틱 연구에 힘을 쏟고 있습니다. 통계청 조사에 따르면 2016년 기준 우리나라의 플라스틱 연간 사용량은 1인당 98.2kg으로 세계에서 1위를 기록했습니다. 플라스틱으로 인한 환경오염이 심각해지면서 우리나라에서도 바이오플라스틱에 대한 연구의 필요성이 커지고 있습니다.

한국화학연구원의 바이오화학실용화센터의 연구팀은 2019년 4월, 게 껍데기를 이용해 생분해성 비닐을 개발했습니다. 연구팀은 게 껍데기에서 키토산을, 목재 펄프에서 셀룰로오스를 추출한 뒤 아주 높은 압력에서 얇게 벗겨내 나노 섬유를 얻었습니다. 나노 섬유를 이용해 만든 플라스틱은 100% 생분해될 뿐 아니라 기존의 플라스틱만큼이나 단단합니다. 잡아당겨도 끊어지지 않는 정도, 즉 강도 역시 안전벨트 소재로 사용되는 나일론과 비슷한 수준입니다. 더군다나 천연 항균제라 불리는 키토산 덕분에 식품 부패를 방지하는 능력까지 얻었습니다. 바이오플라스틱이 실제로 기존의 플라스틱을 대체할 수 있다는 가능성을 보여 준 것입니다.

자연에서 추출해 자연으로 되돌아간다는 바이오플라스틱의 목표에

📷 국내 연구진이 개발한 생분해성 비닐

한국화학연구원에서 게 껍데기를 이용해 만든 생분해성 비닐. 기존의 플라스틱만큼 단단하고, 항균 기능까지 있다. 위의 사진은 생분해성 비닐이 땅 속에서 제대로 분해되는지 실험하는 모습이다. 그 결과 6개월간 100% 분해되는 것을 확인했다.

© KRICT

맞게 바이오매스 추출, 바이오플라스틱 합성, 생분해성 검증, 토양 및 해양 관리 등 다양한 관점에서 바이오플라스틱에 대한 연구가 이뤄지고 있습니다. 어서 빨리 바이오플라스틱의 순환 구조가 완성되기를 기대합니다.

참고문헌

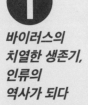

**바이러스의
치열한 생존기,
인류의
역사가 되다**

01 바이러스의 치열한 생존기, 인류의 역사가 되다_바이러스

1. DOI: 10.1016/S0140-6736(20)30628-0

2. DOI: 10.3390/v11030210

3. 데이비드 콰먼(2020), 《인수공통 모든 전염병의 열쇠》, 꿈꿀자유

4. DOI: 10.1038/nature06536

5. 최지원(2020), 〈무증상 감염, 슈퍼전파… 악재 겹친 코로나19 효과적인
   방역 대책은?〉, 《수학동아》, 3월호

6. DOI: 10.1098/rspa.1927.0118

**유전자 혁명,
신의 영역에
도전하다**

01 신의 영역, 유전자에 도전하다_크리스퍼

1. DOI: 10.1038/2171110a0

2. DOI: 10.1073/pnas.93.3.1156

3. DOI: 10.1534/genetics.110.120717

4. DOI: 10.1126/science.1225829

5. DOI: 10.1128/jb.169.12.5429-5433.1987.

6. DOI: 10.1046/j.1365-2958.2000.01838.x

7. DOI: 10.1038/nature17946

8. DOI: 10.1038/nbt.3816

가능성의 이야기들_정상과 비정상에서 벗어나다

1. DOI: 10.1016/j.stem.2018.09.004

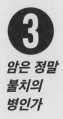

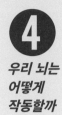
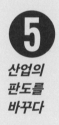

03 0.3nm의 그래핀 한 층, 전자업계를 흔들다_그래핀

1. DOI: 10.1126/science.1102896

2. DOI: 10.1103/PhysRev.71.622

3. DOI: 10.1038/nature04235

4. DOI: 10.1038/nnano.2010.132

04 세상에서 가장 작은 움직임을 만들다_분자기계

1. DOI: 10.1021/ja00322a055

2. DOI: 10.1021/ja00013a096

3. DOI: 10.1038/369133a0

4. DOI: 10.1038/43646

5. DOI: 10.1038/nature10587

6. DOI: 10.1038/nature23657

7. DOI: 10.1126/science.aal4373

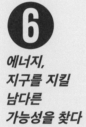

6

**에너지,
지구를 지킬
남다른
가능성을 찾다**

01 '콘센트 좀비'가 되지 않는 가장 현명한 방법_이차전지

1. DOI: 10.1038/nmat732

02 전기를 만들어 내는 나뭇잎, 태양빛을 흡수하다_인공광합성

1. DOI: 10.1038/353737a0

2. DOI: 10.1126/science.36.926.385

3. DOI: 10.1126/science.1209816

4. DOI: 10.1246/cl.1985.1695

03 플라스틱으로 오염된 지구를 살려라!_바이오플라스틱

1. DOI: 10.1038/s41561-018-0080-1

2. *Journal of the American Chemical Society* 52.1(1930), pp. 314~326,
   Journal of the American Chemical Society 54.2(1932), pp. 761~772

최소한의 과학지식

초판 1쇄 발행 2022년 9월 30일
초판 2쇄 발행 2024년 7월 9일

지은이 최지원 정유진 박홍재 서호규 이원재 염민규 이기현 신안나 김은솔
배장원 이정현 박준후 이주송 조윤식 김세희 이성선 김영혜 구준모

펴낸이 김남전
편집장 유다형 | **편집** 이경은 | **외주편집** 김수미 | **디자인** 양란희 | **일러스트** 이다솜
마케팅 정상원 한웅 정용민 김건우 | **경영관리** 임종열 김다운

펴낸곳 ㈜가나문화콘텐츠 | **출판 등록** 2002년 2월 15일 제10-2308호
주소 경기도 고양시 덕양구 호원길 3-2
전화 02-717-5494(편집부) 02-332-7755(관리부) | **팩스** 02-324-9944
포스트 post.naver.com/ganapub1 | **페이스북** facebook.com/ganapub1
인스타그램 instagram.com/ganapub1

ISBN   979-11-6809-046-0 (03400)

가나출판사는 당신의 소중한 투고 원고를 기다립니다. 책 출간에 대한 기획이나 원고가 있으신 분은
이메일 ganapub@naver.com으로 보내 주세요.